DONGHAI
FAZHAN YANJIU

东海
发展研究

黄家庭　王　颖　主　编

U0266065

中国纺织出版社有限公司

内 容 提 要

本书收录了2018—2019年关于东海研究的最新论文二十余篇，分为三个专题：一是东海海域海洋文化遗存的研究；二是"一带一路"倡议与东亚区域合作发展研究；三是东海海洋文化与旅游发展研究。

所有论文均为第七届"中国东海论坛"论文，论文的知识产权均为浙江海洋大学东海发展研究院所有。

图书在版编目（CIP）数据

东海发展研究 / 黄家庭，王颖主编 . -- 北京：中国纺织出版社有限公司，2021.9
ISBN 978-7-5180-8664-1

Ⅰ . ①东… Ⅱ . ①黄… ②王… Ⅲ . ①东海—海洋经济 - 经济发展 - 研究 Ⅳ . ① P74

中国版本图书馆 CIP 数据核字（2021）第 128832 号

责任编辑：闫　星　　　　　责任校对：高　涵
责任设计：大春传媒　　　　责任印制：储志伟

中国纺织出版社有限公司出版发行
地址：北京市朝阳区百子湾东里 A407 号楼　邮政编码：100124
销售电话：010-67004422　传真：010-87155801
http://www.c-textilep.com
中国纺织出版社天猫旗舰店
官方微博 http://weibo.com/2119887771
广州虎彩云印刷有限公司　各地新华书店经销
2021 年 9 月第 1 版第 1 次印刷
开本：710×1000　1/16　印张：19.25
字数：203 千字　定价：150.00 元

前　言

2013年10月，习近平主席提出的共同建设21世纪"海上丝绸之路"的倡议，得到了世界多国的积极响应。舟山群岛由于其独特的地理位置，自古以来就是东海航线的重要节点，出海船舶常在此候潮听风，补充给养。舟山群岛作为文明交流与贸易活动的重要中转枢纽，在古代海上丝绸之路上扮演着重要角色。

2017年4月1日，浙江自由贸易试验区正式挂牌启动，舟山群岛再次成为21世纪"海上丝绸之路"建设的核心区域，面临着更多的历史新机遇与发展新挑战，舟山群岛作为中国与世界各国开展投资贸易合作的前沿阵地、国际文化交流的重要场所，在未来将更加受到世人的瞩目。

为了进一步深化舟山群岛以及东海海域与世界海洋文明关系的研究、推动海洋国家间的文化与经济交流、切实服务国家"21世纪海上丝绸之路"建设战略，浙江海洋大学东海发展研究院诚邀海内外专家学者举办了多届"东海论坛"，就相关问题进行深入交流与研讨，并选编出部分论文结集出版。

2019年11月1—3日，"第七届中国东海(国际)论坛"在浙江舟山召开，来自海内外的50多位从事海洋文化研究的专家学者济济一堂，围绕"一带一路视域下的中国东海"的主题进行了广泛而深入的研讨，旨在进一步深化舟山群岛以及东海海域与世界海洋文明的研究、推动海洋国家间的文化与经济交流、切实服务国家"21世纪海上丝绸之路"建设战略。

本次论坛由浙江海洋大学、浙江大学亚洲研究中心主办，中国社会科学院中国边疆研究所、自然资源部海洋战略研究所支持，浙江海洋大学东海发展研究院、浙江省中韩经济文化交流研究会、浙江海洋大学海洋旅游研究所共同承办。论坛开幕式由浙江海洋大学中国海洋文化研究中心主任、东海发展研究院常务副院长王颖教授主持，浙江海洋大学副校长谢永和教授、浙江大学亚洲研究中心常务副主任金健人教授分别致辞。

本书收录的论文主要是从这次论坛所提交的论文中选编出来的。这些论文主要围绕"东亚岛屿与文化交流""海洋信仰与民间习俗""一带一路与区域经济"等论题展开论述。这些论文立足现实，深入挖掘相关史料，进行理论探索，并提出了需要深入思考的新问题，进一步推动了东海区域海洋文化研究的深入开展。

编　者

2020 年 10 月

CONTENTS

第一章　东亚岛屿与文化交流

崔溥《漂海录》的历史地理研究

金健人

（浙江大学）

摘要：在中国，关于明代大运河的文献记录很少，崔溥的《漂海录》提供了第一手的资料，如大运河沿岸风貌和所经过的驿站等，很好地复现了明朝大运河的已逝形象，对于当下加强历史文化遗存的保护具有宝贵的价值。

关键词：崔溥;《漂海录》；大运河

有着2500多年历史的京杭大运河，北起通州，南至杭州，流经北京、天津、河北、山东、江苏、浙江6省市，沿途有18座大城市和数百座小城市，贯通东西方向的五大水系。它是世界上最长的人工河，其长度是苏伊士运河的16倍，巴拿马运河的33倍。2014年6月22日，在第38届世界遗产大会上，中国大运河获准列入《世界遗产名录》，当然在于它的历史文化价值，而崔溥《漂海录》则很好地复现了明朝大运河的已逝形象，所以也应该为崔溥的这部杰作记上一功。

一、关于崔溥《漂海录》的研究

最早发现崔溥《漂海录》的价值并进行译注的美国学者迈斯凯尔，他在导言中对该书的导读，已经涉及方方面面，当然也包括其中的历史地理价值。关于崔溥笔下的中国大运河，迈斯凯尔有着非常详尽的评价，大运河所带来的繁荣，明朝的大运河与历史上大运河的不同，碑文所记的测量施工，从杭州到北京一路的驿站，曳船到另一水位的索道式堤坝，运河全程4340里路程的计算方式等。20世纪60年代高柄翊的两篇论文《成宗时期崔溥之漂流及其〈漂海录〉》和《崔溥之漂流记——迈斯凯尔〈锦南漂海录译注〉》，文中对于崔溥笔下的大运河几无涉及。后来的韩国学者，关注大运河的也似乎不多。

中国关于崔溥的论文，有相当一部分是关于大运河的。葛振家最早向中国读者介绍崔溥和他的《漂海录》时，其中关于大运河内容的研究，占据了重要位置。其他还有刘岳的《消失的帆樯——明清时代的漕运和漕船生活断片》（2005），金健人、鲍先元的《崔溥之旅——大运河中韩交流圈》，陈彝秋的《〈明代驿站考〉勘补二则》（2010），龚维琳、许燕的《过坝》（2011），李德楠的《外国人视野中的明清山东运河》（2012），胡梦飞的《朝鲜人视野中的明代苏北运河风情——以崔溥〈漂海录〉为视角》（2014）、《明清时期外国人视野中的京杭大运河》（2014），孙宗广的《重视世界遗产点的"域外档案"》（2015）、《吴文化研究：大运河》（2016）、《桨声灯影里的异国纪录——〈漂海录〉中京杭大运河江苏段的历史面貌探析》（2016），胡梦飞的《明清京杭大运河留给外国人的印象》

(2016)，李刚的《京杭大运河文化形象的跨域书写与解读》(2018) 等。

　　作为研究的共同点，上述论文都试图还原崔溥所见大运河的原貌。中国关于明代大运河的文献记录并不多，崔溥《漂海录》提供了许多第一手的资料，如大运河沿岸风貌和所经过的驿站等。研究者们都对崔溥所记史料之精确感到惊叹，如黄家闸上的眉山万翼碑。此碑现已失传，托崔溥所记，后世得存：

　　洪惟我朝太祖高皇帝龙飞淮甸，混一寰宇，乃建都南京以临天下。暨我太宗文皇帝绍基鸿业，迁都北京。于时，方岳诸镇及四夷朝聘贡赋，每岁咸会于畿内。而滇蜀、荆楚、瓯越、闽浙，悉由扬子江泛东海，沿流北入天津，渡潞河诣京师。其江海之阔，风波之险，京储转输为难，故我太宗文皇帝虑东南海运之艰，乃召股肱大臣往徐、扬、淮、济度地势，顺水性，东自瓜州，西自仪真，咸作坝以截之，俾不泄于江。仍因近世旧规，凿漕引水为河，而总会于扬，由扬到淮，由淮至徐，由徐至济。自济以南，则水势南下，接黄河会淮入海；自济以北，则水势北流，接卫河会白河亦入于海。上复以地形南北高下不一，分泄水势无以贮蓄，非经久计，仍命有司置闸，或五、七里一闸，或十数里一闸，潴水济舟，迨今渊源不竭。自是方岳番镇与夫四夷朝聘会同，及军民贡赋转输、商贾贸易，皆由于斯。而舟楫之利始通乎天下，以济万民无复江海风涛之厄，我太宗是作实缵禹之功，补天之不足，开万世太平之盛典也。矧徐乃古彭城东方大郡，襟淮带济，为南北两京喉舌。徐之北，黄家村之东，有山溪一派，南流入闸，水势汹涌多泆流，走沙壅塞淤浅，舟楫经此恒为阻隘，民甚病焉。天顺戊寅春，有司具疏闻于朝，我英宗睿皇帝丕缵洪休，益笃前烈，乃召有司立闸以通之，设官以理之。自是"舟楫往来无复前患"云云。闸官开闸，令人功夫牵上臣船以过。又行过义井、黄家铺、侯村铺、李家中铺、新兴闸、新兴寺、刘城镇，夜三更至谢沟闸。[1]

这是崔溥再三强求陪同官员的情况下，才"强而后许之"，同意让他们去闸上看此碑，得此碑文。碑文把大运河的开凿、治理、功能、设施、作用等，写得明明白白。

二、崔溥笔下的中国大运河

崔溥一行用时 7 日，从宁波沿浙东运河到达杭州，因浙东运河少有人关注，崔溥的记录成为我们认识浙东运河的重要材料。浙东运河西起西兴，跨曹娥江，经过绍兴，东至宁波市甬江入海口。兴建之初主要是为农业灌溉，之后沟通和扩大了内河航运，逐渐整条运河成为水上要道。唐代随着浙东海上丝绸之路的发展，浙东运河的商贸运输功能得到了极大的体现。两宋时期，浙东运河成为重要的航运河道。明代重视治理河道，浙东运河保持畅通。

宁波作为起点，杭州作为终点，绍兴作为途中重要城市，都在浙东运河航道上起着重要作用。潘承玉的《明清绍兴的人口规模与"士多"现象——韩国崔溥〈漂海录〉有关绍兴记载解读》[2]，从崔溥《漂海录》中的一段记载，作为线索，引出了一个有趣的问题，做成了一篇别有特色的文章。"到绍兴府，自城南溯鉴水而东而北，过昌安铺入城，城有虹门，当水口，凡四重，皆设铁扃；过有光相桥等五大桥，及经魁门、联桂门、祐圣观、会水则碑，可十余里许有官府"，"其阛阓之繁，人物之盛，三倍于宁波府矣"[3]。现在的浙江人听人说绍兴有宁波的三倍大，恐怕无人敢信。但笔者执意要追根究底，在参考和审慎解读人口史成果的基础上，通过充分占有历史文献资料，认为明末绍兴府总人口数很可能已达600万，保守估计也达460万，成为全省乃至全国人口压力最大、最紧张的一个地区。据明洪武二十四年（1391）浙江各府人口总数统计，当时的绍兴府人口数为1335370，宁波府人口数为942876，绍兴府比人口数为1080825的杭州府还多。尽管不像崔溥文中所言"三倍于宁波"那么夸张，至少远盛宁波，当为无疑。

自杭州沿南运河至镇江，渡长江至扬州，再沿北运河直到北京，崔溥沿途详细笔录了运河沟通的湖泊、河流、水闸、驿站以及河流、湖泊等的位置、水势等，反映了当时的真实景象。除了崔溥本人外，四名随行人员光州牧衙前程保、和顺县衙前金重、承仕朗李桢、罗州随陪吏孙孝子，都协同记录，留下的资料更为翔实。如崔溥写十六日进苏州府：

过吴江县至苏州府。是日阴。牵舟湖平望河，过迎恩门、安德桥、大石桥、长老铺、野湖、鸳鸯湖。湖岸石筑，堰可十余里。又过吴江湖、石塘、大浦桥、彻浦桥，至九里石塘，塘限太湖。太湖即《禹贡》"震泽底定"——"周职方扬州薮曰'具区'"是也。或谓之"五湖"，以其长五百余里故名，范蠡所游处也。湖中有洞庭东西两山，一名苞山，一目千里，崇岩叠坞，点缀于浩渺间。湖之东北有灵岩山，下瞰焉；一名砚石山，即吴筑馆娃于砚石者此也。山去姑苏山十里，山势连续，抱太湖。湖北又有一山，望之渺茫，乃横山也。至太湖坝，坝石筑，跨湖之南北。可五十余里，即垂虹桥，虹门无虑四百余穴，窄窄相续，其大者若木庄、万顷等桥也。循太湖坝而北，过龙王庙、太湖庙、祀圣门，门前有大塔，塔十四层，层皆架屋，望之若登天梯。又过驻节门至松陵驿，少停舟而过。过恩荣门、会元门、都室造士门、进士门、誉髦门、儒学大明桥、登科门。所谓太湖坝，又通跨驿前里闬中，直抵吴江县。其间又有石大桥，虹门凡七十余穴。驿与县皆在太湖之中，屋舍壮丽，下铺础砌，上建石柱，以营湖水萦回，樯帆束立于闬阁之中，所谓"四面渔家绕县城"者此也。棹过三里桥、迎恩庵，溯尹山湖而上。问西望山，则乃丝子山。其北有山，即姑苏山也。松江在尹山湖之东。又棹过尹山铺、尹山桥，左有造舟作浮桥，可三里许，至宝带桥。桥又有虹门五十五穴，正舟车往来之冲，跨儋台湖，湖山绕景，望若横带，即邹应博所重建也。夜三更，傍苏州城东而南而西，至姑苏驿前。自宝带桥至此驿，两岸市店相接，商舶辏集，真所谓东南一都会也。[4]

《漂海录》中关于苏州城的描写极尽繁华，水陆交通便捷，街市商贸发达，两岸市店相接，商舶车马辏集，实乃东南都会：

苏州古称吴会，东濒于海，控三江，带五湖，沃野千里，士夫渊薮。海陆珍宝，若纱罗绫缎、金银珠玉，百工技艺、富商大贾，皆萃于此。自古天下以江南为佳丽地，而江南之中以苏杭为第一州，此城尤最。乐桥在城中，界吴、长洲两县治间，市坊星布，江湖众流通贯吐纳乎其中，人物奢侈，楼台联络。又如阊门、码头之间，楚商闽舶辐辏云集。又湖山明媚，景致万状。但臣等乘夜到姑苏驿，翌日又不喜观望，又乘夜傍城而过，故白乐天所谓七堰、八门、六十坊、三百九十桥，及今废旧添新、胜景奇迹，俱不得记之详也。[5]

而文中所描写的吕梁大洪、徐州百步洪等，那种"河流盘折，至此开岸，豁然奔放，怒气喷风，声如万雷，过者心悸神怖，间有覆舟之患""水势奔突，转折壅遏，激为惊湍，涌为急溜，轰震霆，喷霹雹，冲决倒泄，舟行甚难"于今已不可寻。

崔溥在《漂海录》中还记录了他在运河沿岸所看到的水利工程及相关设施。如在经过高邮盂城驿时，他看到"高邮州新塘石筑，长可三十余里"。在从扬州去往淮安的路上，崔溥等人在经过范光、宝应、白马诸湖时，看到"自氾水铺至此百余里间，东岸筑长堤，或石筑，或木栅，绵连不绝"。水闸是调节水位以供船只通行的设施，在当时的京杭运河沿线遍布各种水闸。在淮安府境内，崔溥等人在经过淮口时看到移风、清江、福兴和新庄四闸。对运河沿岸的堤、坝、堰、闸等水利工程设施，崔溥在其《漂海录》中也做了较为系统的描述。

三、崔溥《漂海录》的历史价值

通过崔溥所记沿途驿站，复现了500年前的交通路线图。与此对照，还可以纠正相关研究中的差错。陈彝秋的《〈明代驿站考〉勘补二则》[6]，认为杨正泰所著《明代驿站考》是一部很见功力的明代交通地理研究论著，但对其中两则考证提出质疑。其中之一为杨正泰把通津驿与潞河水马驿考为两驿，而陈彝秋根据崔溥《漂海录》卷三的记录："至潞河水马驿。一名通津驿。"由此证明原本就是一驿，不过二名而已。

刘岳的《消失的帆樯——明清时代的漕运和漕船生活断片》[7]，从一个较为独特的视角研究大运河。明清定都北京，皇亲国戚、达官贵人、政府机构、守军兵备等多在华北，而主要产粮区在江南，于是，南粮北调就成了必需，其中最主要的通道就是运河漕运。从明开始，漕运成了国家财政命脉，漕粮"三月不至则君忧，六月不至则都人啼"，可谓"倚漕为命矣"。漕船航运不但维持了北方都市的粮食供应，巩固了政权，而且加强了南北商品流通，带来了运河沿岸市镇的繁荣。

金健人、鲍先元的《崔溥之旅——大运河中韩交流圈》[8]，着重研究的是崔溥当年的大运河之旅对今天的中韩关系会起到什么样的影响。500 年前"崔溥之旅"所经大运河中韩交流圈，不仅是中韩两国传统友谊的历史见证，更可以通过沿岸中韩友城，构筑起现今中韩之间政治、经济、文化等方面交流合作的宽广平台。自 1992 年 8 月 24 日中韩建交以来，韩国崔溥的《漂海录》成了传递中韩友谊的历史媒介。1993 年 11 月 20 日，崔溥故乡韩国全罗南道就与浙江省缔结了友好省道关系。1994 年 7 月，韩国务安郡议长奇老玉一行 13 人访问三门。韩国朴泰根教授根据他对崔溥《漂海录》行程线路沿途的实地采访，于 1997 年 9 月 1 日至 12 月 15 日，在《韩国日报》的星期日版上，连续以整版篇幅发表他对崔溥《漂海录》的考证成果。1998 年，KBS 电视台制作播放了崔溥《漂海录》的专题片。2000 年 9 月，务安郡与台州市缔结友好城市。2002 年 7 月，崔溥后裔 108 名代表来三门湾寻找先辈足迹。2003 年 12 月，韩国驻沪总领事朴相起访问台州三门，接受了三门县县长谢再兴赠送的象征着中韩友谊的水晶"漂流船"。自新华社《"东方马可·波罗"足迹始于浙江三门县》对国内外发表后，中央电视台中文国际频道、人民网、《国学动态》、香港《大公报》等数十家媒体转载报道,引起中韩两国各界的广泛关注,韩国一些学者及新闻记者纷纷要求到浙江三门来寻访。崔溥之旅正好处在中国经济最为发达的东部地区,大运河像一条彩线串起的十几个城市,正好是当年崔溥曾经游历过的城市,它们大多数与韩国的相关城市建立了友好交往关系。仅运河沿途18个城市的经济总量就相当于全国经济总量的1/5。每年有10万多艘船舶长年在京杭大运河上航行,其年运输量相当于京沪铁路的3倍,而运河船运成本只有公路运输的1/10。目前,全长1794千米的京杭运河沿线,已经公布注册的文物保护单位多达654处,其中109处为全国重点文物保护单位,另有9座城市被公布为国家级历史文化名城。《漂海录》所记载的运河沿岸的古墩、古庙、古塔、古桥、老街、老店、老厂、老窑以及街市的繁华景象、市民的生活习俗,还有那些古老的传说、歌舞、曲艺、皮影、剪纸、绘画、雕刻、民俗礼仪等非物质文化遗产,犹如《清明上河图》的长幅画卷展示在人们面前。2014年大运河申遗成功,就是对这些古代文化遗存的最大肯定。当然,在中国城市现代化、农村城镇化建设的加速进程中,崔溥笔下的大运河沿途历史文化遗存、风光景物和自然生态环境还是不可逆转地走向消亡。由此,也更凸显其抢时间保护的历史文化的宝贵价值。

参考文献

[1] 葛振家. 崔溥《漂海录》评注 [M]. 北京:线装书局,2002:
    124-125.

[2] 潘承玉.明清绍兴的人口规模与"士多"现象——韩国崔溥《漂海录》有关绍兴记载解读 [J].浙江社会科学，2011（2）：74-82+157-158.

[3] 葛振家.崔溥《漂海录》评注 [M].北京：线装书局，2002：77.

[4] 葛振家.崔溥《漂海录》评注 [M].北京：线装书局，2002：104-105.

[5] 葛振家.崔溥《漂海录》评注 [M].北京：线装书局，2002：107.

[6] 陈彝秋.《明代驿站考》勘补二则 [J].江海学刊，2010（4）：49.

[7] 刘岳.消失的帆樯——明清时代的漕运和漕船生活断片 [J].紫禁城，2005（4）：142-151.

[8] 金健人，鲍先元.崔溥之旅——大运河中韩交流圈 [J].当代韩国，2009（3）：53-59.

环黄海、东海海洋非物质文化遗产的保护、利用与开发问题研究

侯毅

（中国社会科学院中国边疆研究所）

摘要：环黄海、东海地区海洋非物质文化遗产资源十分丰富，蕴含丰富的历史文化资源和经济开发资源，具有独特的价值与意义。海洋非遗的传承和保护应融入现代元素，发掘其当代价值，这样才能有效地得到保护和利用。中、日、韩三国在保护和利用方面可以开展交流合作，以非遗为媒介，推动人员交往，增强彼此之间的了解，这对各国关系的发展具有一定的推动作用。

关键词：东海；黄海；非物质文化遗产

一、海洋非物质文化遗产的多样性

文化遗产分为物质文化遗产和非物质文化遗产。以固定形式存在的文化遗产，如各个时期的历史建筑、人类文化遗址等都属于物质文

化遗产。非物质文化遗产的范围更为广泛，根据联合国教科文组织发布的《保护非物质文化遗产公约》，"非物质文化遗产"指被各群体、团体、有时为个人所视为其文化遗产的各种实践、表演、表现形式、知识体系和技能及其有关的工具、实物、工艺品和文化场所。依照这一概念，"非物质文化遗产"主要应包括以下几个类别：第一，口头传统及作为非物质文化遗产媒介的语言；第二，表演艺术；第三，社会风俗、礼仪、节庆；第四，有关自然界和宇宙的知识和实践；第五，传统的手工艺技能。

根据《中华人民共和国非物质文化遗产法》，其"总则"部分第二条是这么界定的：本法所称非物质文化遗产，是指各族人民世代相传并视为其文化遗产组成部分的各种传统文化表现形式，以及与传统文化表现形式相关的实物和场所。其包括：①传统口头文学以及作为其载体的语言；②传统美术、书法、音乐、舞蹈、戏剧、曲艺和杂技；③传统技艺、医药和历法；④传统礼仪、节庆等民俗；⑤传统体育和游艺；⑥其他非物质文化遗产。

环黄海、东海地区非物质文化遗产资源十分丰富，主要包括以下几个方面：

①海神崇拜、龙文化以及相关节庆活动等。在中国东南沿海各地，海神有潮神（如江浙沿海供奉的伍子胥）、船神（关羽、鲁班、妈祖）、网神（海瑞、伏羲）、礁神（圣姑娘娘）、鱼神（山东沿海赶鱼郎等）、岛神（地方神）等。民俗信仰活动丰富，如各种祭海、祭祀活动和浙江烧十庙、走十桥、赶八寺等。

②海洋文化相关的民间传说故事、民间文学作品等。如山东的《八仙过海传说》，上海的《天仙弄的传说》《崇明蟹救康王》，浙江的《隋炀帝游神山》等。

③传统表演，主要有传统舞蹈、戏剧、音乐、歌曲、海洋歌谣唱本等。如广东的咸水歌，上海的海洋山歌，江苏的吕四渔号、海门山歌、浒浦渔歌、海安花鼓、蚌舞、十八花子朝南海舞、浙江渔谚等。

④传统工艺与技能，最主要的有捕鱼技能、航海技艺、海洋生活技能等。如上海鸟哨、灶花、福船制造技术 (水密隔舱、篾篷、布帆、捻缝、模数设计等)、海洋服饰文化 (龙裤、撩襟、布褴) 等。

⑤竞技项目。浙江龙运动，天龙、地龙、水龙对应的龙风筝、舞龙、龙舟等。

⑥艺术作品。温岭剪纸、舟山渔民画、洞头渔民画、贝雕等。

此外，还有一些民俗禁忌、海航风俗等都属于非物质文化遗产。

除中国外，日本和韩国也有十分丰富的海洋非物质文化遗产，如在日本，有龙宫、龙神和龙王信仰。日本也是最早设置"海洋纪念日"的东亚国家。

二、海洋非物质文化遗产保护存在的问题

海洋非物质文化遗产是非物质文化遗产的重要组成部分，蕴含丰富的历史文化资源和经济开发资源，具有独特的价值与意义。在物质文明越来越发达的今天，文化的发展也呈现出多元性、变革性和趋同性的特征。同时，人们越来越重视文化对社会经济生活的影响，更加重视文

化所具有的内在价值和文化的变化对经济的影响。海洋非物质文化遗产作为海洋文化的重要组成部分，近年来，也开始受到关注。传承非物质文化遗产载体也越来越受到政府部门的关注，但也应该看到，随着当前全球化步伐不断加快，很多传统文化呈现出逐渐消亡的态势，特别是非物质文化遗产由于其无形性、传承性、实践性、活态性的特点，更具脆弱性，亟须加强保护。根据中国知网学术论文检索结果，以海洋非物质文化遗产为主题的论文数量2006年之前为零，2006年以后，多数年份文章数量仅维持在个位数，达到两位数的年份是2017年和2018年，分别为15篇和13篇，有些年份如2007年、2010年依然为零。由此可见，就学术研究角度而言，我们对海洋非物质文化遗产保护与利用的研究处于极端匮乏的状态，因此，学术界需要充分重视当前海洋非物质文化遗产保护的重要意义，加快步伐推动海洋非物质文化遗产保护和向前发展，使众多的海洋非物质文化遗产可以延绵相传，不断传承下去。

目前，中国的海洋非物质文化遗产的保护、开发和利用工作主要存在以下一些问题：

第一，理论研究严重滞后，跟不上实践的发展。就中国经验来看，在法规制度建设方面，2004年，全国人大常委会宣布了《关于批准〈保护非物质文化遗产公约〉的决定》，2005年国务院办公厅公布了《关于加强我国非物质文化遗产保护工作的意见》，2006年，文化部发布了《国家级非物质文化遗产保护与管理暂行办法》。在普查、评审的基础上，建立起国家、省、市、县四级非物质文化遗产名录体系和项目代表性传承人认定制度，同时建设了一些非物质文化遗产博物馆、民俗博物馆以及传习所。2007年6月，国家文化部正式批准在福建省设立首个国家级闽南文化生态保护实验区。根据2018年设立的文化和旅游部发布的信息，目前认定的国家级非遗代表性项目有1372项，其中40项被列入联合国教科文组织非遗名录，位居世界第一；认定国家级非遗代表性传承人3068名；设立了21个国家级文化生态保护实验区。实施中国传承人群研培计划，参与人数达9.7万人次；开展非遗助力精准扶贫，设立15个传统工艺工作站和156家非遗扶贫就业工坊。但海洋非物质文化遗产数量不多，很重要的一个因素是缺乏对海洋非物质文化遗产资源的系统性挖掘和整理，直接导致了对非遗整体性特点与价值等方面研究的不足，即便是对现有海洋非遗特点与价值的解读，也缺乏应有的海洋视角，无法为实践发展提供有利的学术支撑，学科建设亟待加强。

第二，海洋非物质文化遗产的传承和保护基础薄弱。海洋非物质文化遗产的产生与发展往往依赖于海洋这一地理空间单元。受到地理空间的影响，海洋非物质文化遗产的分布呈现出分布分散、文化受众少、集群效应小的特点。以山东省为例，全省26项国家级海洋非物质文化遗产分布在滨州、青岛、烟台等六个地市，包括八仙传说、长岛渔号、海阳大秧歌、渔灯节、烟台剪纸、蓝关戏、胶东大鼓、莱州草辫、胶东全真道教音乐、青岛徐福传说、秃尾巴老李的传说、崂山民间故事、胡峰阳传说、渔民开洋节、谢洋节、胶州秧歌、崂山道教音乐、胶东大鼓等，各具风格。改革开放以后，沿海地区经济进步很快，社会发展变革迅速，很多传统的生产技能和生活场景逐渐消亡。受此影响，有的海洋非物质文化遗产由于传授过程复杂、不易保存或者知道的人很少已经消失，有的非物质文化遗产由于保护意识不足正处在消失的边缘，很多海洋非遗如果保护不及时，会随着传承人的相继离世和非遗存在环境的快速变化而消失。

第三，保护力度不足，缺乏有效的政策支撑。在非物质文化遗产的保护过程中，尽管国家出台了相关的制度法规，但在实际执行的过程中，一些地方政府对海洋非物质文化遗产的关注程度不够，未能认识到海洋非物质文化遗产是一种资源，缺乏传承和保护海洋非物质文化遗产资源的配套措施，很多政策性文件其内容过于宏观，没有形成完善的保护方案，使得非遗保护力度不足。同时，一些经济发展水平不高的地方政府难以投入足够的资金保护非物质文化遗产。很多地方对待海洋非遗项目，缺乏精准管理和精准施策，难以使非遗资源形成靶向和产生实际效益。

第四，海洋非物质文化遗产深入开发和利用不够。海洋非物质文化遗产既是一种文化资源，也具有潜在的经济价值、美学价值和教育价值。根据目前各级政府及学术机构公布的非遗普查数据与相关的资料来看，仍然有数量众多的海洋非遗尤其是市级、县级和未进入四级代表性项目名录体系中的海洋非遗没有走进公众和研究者的视野，无法被公众所了解，更谈不上对具体海洋非遗项目价值的挖掘。一些地方片面重视海洋非物质文化遗产的经济因素，在引导海洋非物质文化遗产良性化发展方面缺乏足够的研究论证，一些人存在着功利性的目标，把非物质文化遗产当作发展当地经济的噱头，未能深入挖掘出海洋非遗蕴含的价值，导致海洋非物质文化遗产的开发单一化、低质化现象严重。

三、海洋非物质文化遗产合理有效开发和利用的必然性与可行性

客观地说，保护海洋非物质文化遗产的重要价值和意义已毋庸置疑，并在世界范围内成为共识，对于非遗的利用和开发也广受关注，有些非遗项目甚至已经成为地方经济发展重要的产业支柱。

马克思主义认为，思想、观念、意识的生产最初是直接与人们的物质活动、与人们的物质交往、与现实的语言交织在一起的，文化是人类社会实践的产物，是社会和历史的现象，也会随着时代的变化而变化。因此，海洋非物质文化遗产的传承和保护也应融入现代元素，发掘其当代价值，这样它们才能有效地得到开发和利用。

在海洋非物质文化遗产开发和利用方面，已有很多的成功案例，这些案例不仅使非遗项目得到了充分保护，而且获得了良好的经济效益和社会效益。如威尼斯的"贡多拉"项目，"贡多拉"是威尼斯人古代交通工具，11世纪时，有数据显示，"贡多拉"的使用数量超过了一万艘。"贡多拉"的费用较高，晚上7点前每40分钟80欧元，7点后100欧元，但依然受到游客喜爱。每年9月的第一个周日下午，威尼斯大运河还会举行传统的"贡多拉"划船比赛，吸引了世界各地很多游客，有力地拉动了当地的旅游业，同时，使这种古老的非物质文化遗产得到传承。

东亚地区是人类文明的发源地之一，东亚国家有着几千年开发海洋、利用海洋的历史，东亚地区的先人们利用双手和智慧创造了许多魅

力无限的文化瑰宝，给后人留下了丰厚的文化遗产。东亚各国非常重视历史，珍视历史文化遗产的价值和意义，东亚地区也是世界经济发展速度最快、人口最多的区域，在文化产品和文旅产品方面，有着巨大的市场潜力和需求。开发海洋非物质文化遗产的经济价值和社会价值是具备基础社会条件的，只要政府引导适当，充分挖掘非物质文化遗产的文化价值，海洋非物质文化遗产开发和利用必然会取得良性发展。

四、海洋非物质文化遗产开发和利用的路径

《"十三五"国家战略性新兴产业发展规划》提出了信息技术、高端制造、生物、绿色低碳、数字创意 5 个新兴产业的发展目标和发展要求，并提出"战略性新兴产业增加值占国内生产总值比重达到 15%，形成新一代信息技术、高端制造、生物、绿色低碳、数字创意 5 个产值规模 10 万亿元级的新支柱的发展目标"。文化相关产业正在成为中国经济发展的重要的经济增长点，海洋非物质文化遗产资源开发的前景是十分可观的。

关于海洋非物质文化遗产的开发与利用问题，学术界已经做了很多研究，在制度构建、文创产品开发、市场运作等方面提出了很多具有可行性和前瞻性的路径、建议和方案，这些建议方案毫无疑问对海洋非物质文化遗产的保护、开发和利用有着积极的推动作用。

笔者认为，海洋非物质文化遗产资源的开发与利用还需在以下 5 个方面着力加强：

第一，加强对海洋非物质文化遗产的理论研究工作，这是合理有

效开发与利用海洋非物质文化遗产资源的基础。由于种种原因，海洋文化研究一直处于相对滞后的状态，海洋非物质文化遗产的研究更处于边缘状态，很多海洋非遗的研究仅限于简单的描述和背景分析，对其产生和发展的环境和时代内涵涉及很少，对其文化价值的特性缺乏理论层面的分析，对其在整个中国文化中的地位和作用更是缺少研究。要转变这一情况，就必须对海洋非物质文化遗产的概念、内涵、外延、特性等问题进行充分的研究。同时，要加强对海洋非遗的调查，构建完备的海洋非遗项目库。当前，最重要的工作是建立明确、统一的海洋非遗筛选标准，在现有各沿海区、县、县级市已有非遗普查数据的基础上，对沿海与海岛地区海洋非遗进行充分的实地调研，按照非遗分类科学标准，构建系统、完整、独立的海洋非遗基础资料库。

第二，加强统筹协调和政策引领，打造海洋非物质文化遗产文创聚集区，这是海洋非物质文化遗产资源有效开发和快速发展的基本路径。近年来，在各项政策利好的大背景下，中国文化产业呈现良好的发展态势，已成为国民经济新的增长点。2018年全国规模以上文化及相关企业实现营业收入89257亿元，营业收入增长8.2%。2019年上半年，全国规模以上文化及相关产业近5.6万家企业实现营业收入40552亿元，按可比口径计算比上年同期增长7.9%，文化产业已经成为中国经济增长的重要推动力。通过对这些企业进行调查分析，可以发现，文创企业的发展离不开聚集效益，以北京地区为例，2017年，朝阳区共有8家市级文化创意产业集聚区，文化创意企业86000余家，占全市的60%，年收入突破1400亿元。海洋非物质文化遗产分布较为分散，个体成长形成品牌优势的难度较大，因此，相关文创产业的发展必须要发挥聚集效应，必须打造一些高水准的文创产业聚集园区，才能更好地推动海洋非物质文化遗产资源的有效开发与利用。

第三，培育重点，突出精品，以点带面，有序推进，这是海洋非物质文化遗产资源开发发展壮大的必经途径。近年来，各级政府对于开展非物质文化遗产保护工作越来越重视，经费投入逐年增加，但依然有限，在很多地区，包括经济发达地区，只有国家、省、市非遗项目的保护单位和传承人可以得到财政专项经费支持，县级项目和传承人的工作经费和补助经费财政尚未安排，单纯地依靠政府补贴和公益捐助来实现对海洋非物质文化遗产的保护存在诸多困难，难以满足现实需求，边保护、边开发、边收益是海洋非物质文化遗产保护工作良性发展的必然选择。如前文所述，海洋非物质文化遗产带有鲜明的地域色彩，分布分散，受众从认知到接受需要一个过程，因此，在开发利用过程中，要优化资源配置，有选择地进行重点扶持，在宣传和开发方面，集中力量，树立典型，不断扩大社会影响，取得一批早期收获，使人们开始了解海洋非物质文化遗产，接受海洋非物质文化遗产，热爱海洋非物质文化遗产。

第四，充分重视人才培养，既要培养海洋非物质文化遗产文化的传承人，也要培养管理人才、文创人才和营销人才，这是海洋非物质文化遗产保护、开发和利用工作的关键因素。人才队伍建设是任何事业能够取得发展的基础和关键因素，当前，海洋非物质文化遗产保护、开发和利用工作存在着重视遗产传承人培养资助，管理、开发、营销人才培养力度不够的问题。有效保护海洋非物质文化遗产，仅对非遗的技艺、内容有了解是不够的，仅依靠热情也是不够的，还需有针对性地研究，懂得如何科学保护、科学管理，把握规律，才能更好地促进海洋非物质文化遗产的保护工作，海洋非物质文化遗产保护、开发和利用是一项复杂的工作，是一个长期的过程，需要很多人付出努力，才能取得成果。但人才的培养不是一蹴而就的，需要根据实际情况，将理论教育与实践培养结合起来，注重不同层次人才的培养，加强互动，有序推进，在交流融合过程中壮大和发展人才队伍。理论工作者要经常进行学术调研和田野调查，非遗传承人要更多地走出去，扩大视野，增长见识。

这里需要指出的是，海洋非物质文化遗产开发的导向是为了更好地保护海洋非物质文化遗产，不是一味地追求其经济价值，海洋非物质文化遗产的开发和利用与海洋非物质文化遗产的保护应该是相辅相成的关系，因此，海洋非物质文化遗产项目的开发和利用更具有技术性，更需要智慧。

第五，积极开展环黄海、东海海洋非物质文化遗产保护工作的交流与互动。东亚地区文化发达，经过几千年的积淀，形成了灿烂的海洋文明，留下了丰厚的海洋非物质文化遗产，这些非物质文化遗产各具特色，有些甚至是相互学习、相互影响的结果。重视并挖掘海洋非物质文化遗产的文化价值，不仅对于环黄海、东海国家与地区历史文化继承与发展具有重要意义，而且对于推进区域文化交流，增进彼此的认识了解也有很高的价值和意义。中、日、韩三国在海洋非物质文化遗产保护和利用可以在以下几个方面展开重点交流合作。

①在制度建设方面彼此学习借鉴。环黄海、东海国家都非常重视历史文化。日本在 1950 年就颁布了《文化财保护法》，以法律形式确立了非物质文化遗产的重要地位，该法多次进行修改，不断补充完善，成为日本非物质文化遗产保护制度构建和开展工作的基石。韩国在 1962 年发布了《文化财保护法》，1999 年又设立了非官方的民间咨询团体文化财委员会。文化财委员会由 24 名文化财专门委员组成。其中无形文化财分科委员会就占了 13 名代表的名额，他们都是音乐、舞蹈、演剧、礼仪、祝祭、饮食、工艺技术等领域的代表人士。所有委员的选定都须经文化财厅长的推荐、由文化观光部部长任命，各委员的任期为 2 年，期满可连任。无形文化财分科委员会（民间）、无形文化财科（官方）以及文化财研究所（学术界）3 个部门在工作上形成了所谓的民、官、学三者的合作关系。中国的非物质文化遗产保护制度构建起步较晚，但支持力度很大，特别是近年来，取得了显著进步。三国在非遗保护工作方面有着相同的发展目标，在发展路径上也存在相通之处，完全可以学习借鉴彼此的成功经验，并展开合作交流。当然，三国的非遗保护工作也面临着相似的问题，三国可以共同展开探讨。对于海洋非物质文化遗产，三国在制度和政策方面有着更为广阔的交流空间，应成为交流合作的新兴和重点领域。

②在合作开发方面，共同开展保护和加强开发利用。环黄海、东海国家相互交流的历史悠久，在文化和习俗方面，有很多共通之处。一是彼此之间在项目申报方面可以展开合作，如东方海上航线、龙王崇拜等；二是可以在文创方面展开合作，可以共同举办各类展览、文创产品

博览会、推介会，开展海洋文化工艺品制作技术交流等；三是在旅游等方面能够有高度契合的合作点，例如，在传统旅游线路上各自推出非物质文化遗产相关产品，进行传统文化表演，推广传统海洋食品制作技术。特别是近年来，随着数字技术的发展，非遗展示呈现出新的形态，开展非遗数字化技术和数字化交流有很大的市场空间，有着良好的合作发展前景。

③在学术研究领域方面展开更广泛、深入的交流。环黄海、东海国家学者可以通过开展广泛的学术交流，共同推进海洋非物质文化遗产的研究，可以通过组织学术会议、夏令营等方式开展广泛交流。

总而言之，环黄海、东海国家在海洋非物质文化遗产的保护、开发和利用方面有着很多可以合作的领域，以非遗为媒介，推动人员交往，特别是青年的交流，增强彼此之间的了解，这对各国关系的发展具有一定的推动作用。

参考文献

[1] 倪浓水.中国海洋非物质文化遗产十六讲 [M].北京：海洋出版社，2019.

[2] 曲金良.中国海洋文化遗产保护研究 [M].福州：福建教育出版社，2019.

[3] 刘家沂.海洋文化遗产资源产业化开发策略研究 [M].青岛：中国海洋大学出版社，2016.

[4] 文化部非物质文化遗产司.非物质文化遗产保护法律法规资料

汇编 [M].北京：文化艺术出版社，2013.

[5] 蔡丰明.中国非物质文化遗产资源图谱研究 [M].上海：上海社
会科学院出版社，2016.

从岛屿议题看明代东海局势的变迁

黄丽生

（台湾海洋大学海洋文化研究所）

摘要：东海自古以来就是孕育中国海洋文化的温床，是先民跨海航行、向外发展交流的通路。宋代以后，中国的航海业在南方沿海全面展开，海洋贸易发达；但其以商业为导向的"海洋贸易网络"由于内外形势的交错，到了明代转型为"海防—朝贡体系"。日本倭寇的侵略和中国海盗的犯禁走私，反映出东海区域国际商贸不可遏制的需求，但海贸网络旺盛却缺乏互信、合理、平衡的机制。明代初期岛屿议题系以对倭寇的征剿与防御为中心，但总体而言东海局势呈现由征战走向和缓的趋势。明代中期的岛屿议题兼具海防之险与海贸之利的辩证性质，但东海局势仍缺少全面由军事征战转为和平互市的机运。后期万历年间倭寇跨国侵犯，抗倭和防倭的活动也有跨国、跨区联防的倾向；海商与海盗也跨国活动并将东海与东西两洋联结起来。纵观明代岛屿议题及其所呈现之东海局势的当代启示是：海洋贸易之利必须在国防安全、内政治理以及和平外交等内外兼顾的愿景和机制下方能实现；东亚国际社会应以和平交往、共生互利取代隔阂、猜疑与征战，并以互信为前提，共同制订合理、安全而平衡的交易机制。

关键词： 明代岛屿；海上丝路；东海；倭寇；海盗

一、前言：内外形势的交错

文化人类学家凌纯声教授早年曾提出"亚洲地中海"的概念来论证中国古代的海洋文化，他指出：亚澳两大洲之间，其东、南、西三岸为弧形岛屿所环绕的南北向海域，可称为广义的"亚洲地中海"；它又以中国台湾为界分为南北地中海，也称南洋与北洋。他认为亚洲的北地中海即是中国文化、东亚文化甚至是环太平洋古文化发生和成长之地。他以考古资料和古代文献交错对比，论述中国滨海而居的民族，如山东半岛的东夷、长江出海口的百越等，依海营生、跨海航行，创造出中国古代海洋文化以及东亚跨海联结的区域网络；纪元前中国的移民、商贾、海军、使臣也早就在"亚洲地中海"活动，甚至远及于印度洋。[①]"亚洲地中海"不但孕育了"海上丝绸之路"，也使东亚海域成为文明交汇的重要场域，直到近代以前，它都是中国海洋文化传承发展以及与东亚文明相得益彰的重要载体。其中位于长江出海口之百越所赖以滨海而居的海域便是东海，也就是凌氏所言"亚洲地中海"之"北洋"的一部分。简言之，东海自古以来就是孕育中国海洋文化的温床，是先民跨海航行、向外发展交流的通路。

自唐末起，以中国产品的制造出口为基础，西太平洋沿岸（东洋航线) 与印度洋沿岸 (西洋航线) 连接成 "海上丝绸之路"，形成亚洲海洋贸易圈。五代时期，闽国开 "甘棠港" 招徕蛮夷商贾，并发船至南海、新罗、日本等地，向南拓展东洋航线，福州、泉州并入亚洲海洋贸易网络，并成为宋代航海要港的背景。[②] 东海即其所赖以外拓发展的基础。

宋代以后，中国的航海业在南方沿海全面展开，海洋贸易发达；海洋事业已不是个别现象，而是沿海民众共同的行为，形成颇具规模的海洋文化，例如，海贸商品制造、造船工业、港市管理、航海人才……皆甚发达。元代在经营的基础上，大体延续其宋代海洋发展的方向，并开拓了更广阔的对外关系，曾为中国史上唯一以海军远征海外的朝代。宋元时期沿海地区航海事业的兴起，使面临东海的中国东南沿海大小岛屿，由不相统属的孤立状态，转为互有关联的航海网络，并开启了汉人移居邻近岛屿的初叶。[③] 但宋元时期以商业为导向的 "海洋贸易网络" 由于内外形势的交错，到了明代转型为 "海防—朝贡体系"，也影响了东海沿岸岛屿的命运。例如浙江的舟山群岛自古即是著名渔场，春秋时期即为越国东境，历经秦、汉、隋、唐、宋、元、明各朝皆有设治；唯至明洪武十七年 (1384) 由于附近诸岛居民常有仇杀，复有人勾结倭寇为乱，岛民被迫迁徙于内地。洞头列岛则在春秋战国时代即有人居住，但在唐宋以前仍属于半定居性质，以后才形成定居聚落；唯也因明初倭寇之祸，岛上渔民不待官府强行迁徙，即纷纷逃回内地。[④]

福建闽江口的马祖列岛则是另一种形态。距今8000多年以前 "亮岛人" 即已在当地生活，属于同时期在福建沿海一带的文化圈；[⑤] 此外，东莒的 "炽坪陇遗址"、北竿的 "塘歧遗址"、南竿的 "福沃遗址" 也被判定为史前时代的遗址，其年代为距今6000多年前；其余均为宋元以后的历史时期遗址。⑥ 也就是说，马祖列岛在距今6000—8000年的史前文明出现后，直到晚唐五代以前，有4000—4500年长期的人文空白，至宋元时期始出现定居聚落。直至明初为了防倭，于洪武二十年（1387）官府将岛民迁徙于内陆，民政建置从此中断五百多年。⑦ 相对于马祖列岛历史人文发展的间歇性，古称浯洲岛的金门，自晋代已有难民避乱迁居于此，唐代设有牧马监，宋代岛民已开始输纳户钞，元明两代更进一步建"榷场"征盐。⑧ 这些都反映了其人文传承历代不绝。此外，金门深受闽学影响，自古文风鼎盛，相传朱子曾渡海讲学于此。而且明初倭寇为害，金门居民不但没有像其他岛屿一样户口被迁徙于内陆，反而被编为海防重镇，设金门千户所而扩大建置规模；此后军户落地生根、移民陆续迁入而成为宗族繁衍的聚落。⑨

岛屿虽孤立海中，但它们是传统航线的关键性地标以及航行者补充淡水、短暂休憩，乃至交换商贸、营生居息的据点，使原来互不统属的疏离海岛连结为相互往来的航海网络。其一方面是陆地人口疏散所在，另一方面是远洋航行的前哨基地与返航目标，而为与外来航海者接触互动的临近界面（contact zone）。沿海岛屿即在官府治理、人民居息、国际海贸、海战攻防等不同联结网络中，建构了岛屿人文活动的样貌、形态与内涵，成为中国海洋文化发展的重要环节，也承载了中国乃至东亚海洋活动的兴衰变化。

倭寇入侵与明朝征御是导致"海洋贸易网络"转型为"海防—朝贡体系"的关键因素。在此过程中，沿海岛屿扮演了重要角色——对倭寇而言，沿海岛屿是骚扰侵略中国的前进基地，可以停泊换水、集合整兵、窥探中国海防虚实；明朝亦将沿海岛屿建设为海上兵防的据点，饱受倭寇之患的浙、闽、粤三省，其沿海岛屿便置有"水寨"以及联结各岛的机制，而为防御倭寇来犯的第一道防线。此外，若海防有成，倭寇之患暂息，明朝一旦将水寨内迁，沿海岛屿复为中外海商走私交易以及中国海盗活动的据点。本文从岛屿议题的视角，分初期（洪武—天顺）、中期（成化—嘉靖—隆庆）、晚期（万历—崇祯）三大阶段检视明代东海局势变化的时空特性，并反思其交错着战争与和平的历史经验对当代有何启示。

二、明代初期：内政外患的危机与缓和[⑩]

（一）内部形势

中国从元朝到明朝的政权转换，使14世纪中叶以来东亚海域的秩序有重大改变，并成为明代初期岛屿治理的内外形势的主轴。就内部形势而言，朱元璋的政敌方国珍盘踞沿海地区与海岛，北方还有蒙古残兵入寇，骚扰辽东沿海岛屿；在民间则有不少贼寇、流民居留沿海诸岛，成为与日本倭寇勾结的隐忧。其中，元明更迭之际，方国珍及其党羽逃聚海岛二十余年以及明朝政府的征抚，开启了明代岛屿议题的初叶。兹就东海沿岸岛屿的部分加以说明。

1. 征抚海上政敌

元末群雄并起，方国珍起兵抗官，逃聚海岛，首开反元序幕。方国珍世代以负贩渔盐、航海为业。元顺帝至正八年（1348）怨杀仇家，遂与兄弟逃入海岛，聚众数千人，劫运艘，梗海道，并屡败元军，叛服无定，后据有温州、台州、庆元(明州)等郡，盘踞附近岛屿，势力渐盛。[11] 海岛是方国珍反抗逃生的去处，也是其崛起扩张，复回头据有沿海陆地三郡，巩固一方的基地。对朱元璋而言，其固然对方国珍的降叛无常感到懊恼，但在全面控制海岛仍力有未逮之际，也只能暂以"将十万众，直穷海岛"的言辞加以恐吓，[12]无法改变方国珍盘踞附近岛屿的形势。直到至正二十七年（1367）9月后，朱元璋的军队连破台州、温州和庆元，国珍率所部遁避海岛，后始遣子奉表乞降。[13]朱元璋终结了方国珍的势力，也象征他对东海沿岸岛屿已具更强的控制力量，为其翌年正式建立明朝，奠定了海防的基础。

2. 征抚居留海岛的贼寇与流民

中国历代政权更迭之际，常有出逃人民就近在沿海岛屿居留避祸，也有些是本来就流窜于海岛之间，并可能和日本倭寇勾结的海商或海盗。对明朝廷而言，这些居留在海岛上的人，不是反叛的贼寇就是逋逃的乱民，必须收服管制，以维护沿海岛屿和近岸海域的稳定安全。故朱元璋征讨之。唯成祖即位后，对逃窜到海岛的盗贼或流民，改采宽平招降而不究既往的政策，并以东南海域的岛屿为主，成功地招安了泉州沿海岛民归服，不费兵卒。此既是仁政和自信的展现，也象征其有强大的海防实力为后盾。例如，永乐元年（1403），他释放了泉州一带曾数度劫掠海滨而被判死刑的海岛逃民，并谕示这些逃民当初可能窘迫于贫困而逃聚海岛为盗，情非得已，而归咎于地方官员未能安民所致；他还派遣特使携带诏书，前往谕示其他逃聚海岛而未归者。[14]永乐二年（1404）

其招安的范围甚至远及现在的澎湖。[15] 永乐四年（1406）他再度遣使赴各地海岛谕示，[16] 并得到正面回应。如自诩为"白屿洋"总管的民人林来，[17] 即于永乐五年（1407）率领 365 户 800 余人来归。[18]

整体而言，永乐朝强大的海洋实力以及宽容的招安政策，较能有效征抚居留海岛的流民，明朝一体招抚逋逃于海岛的汉人，使他们归户设籍，是明初底定天下、重组社会秩序的重要环节。笔者以为，元末到明初的地方社会，是一个乡豪权力支配的社会；明朝把地方势力纳入王朝的权力体系，并通过编制户籍，收集军兵、拉拢地方势要等方式，建立王朝编户的基础，实现新王朝在地方上的统治。[19] 东海沿岸岛屿的稳定尤为巩固政权之首要考量。

（二）外部形势

1. 海洋网络性质的变迁

元代，北自渤海、南抵海南、甚至越南最南边的海岸的区域网络，由不同的沿岸贸易集团所操控；福建、广东、浙江是这些网络的重要基地。中国的沿海和外海贸易，提供沿海人民商贸致富、提升地位的机会；某些沿岸城乡有不少当地人口从事与沿岸或海上贸易等商业活动而致富；当时国际贸易大致上是自由的，商人航行海外并未受到太多法律规条的限制，朝贡贸易并不甚重要。[20] 但明朝政府在开国之初，即企图控制海岸线及各沿海区域中心的富商，其中不乏公开与反明势力联手合作的豪强；朱元璋为了制衡这些富商的影响力，乃施以禁止私行海外贸易的政策。[21] 此外，洪武初年朱元璋政敌方国珍、张士诚余众出亡于沿海岛屿之间，并与日本倭寇勾串，侵略沿海，破坏了东洋航路的原有秩序。㉒洪武五年（1372），明廷即命闽、浙二省建造海舟防倭。㉓洪武二十年（1387）以降，更在沿海要地设立卫所、墩台、水寨等海防设施，建立严密的"巡检"制度，致力于整饬海防。㉔又屡申"通番禁令"，规定除部分国家或部族得以"朝贡"方式进行贸易外，其他私人海外贸易一律禁止。㉕这就是宋元"海洋贸易网络"至明代转型为"海防—朝贡体系"的开始。

明成祖固然基本上延续了海禁政策，但他主导、支持郑和七下西洋，缔造了明代海洋发展的极盛。泉州所存的《传钞明代针簿》序言载：永乐元年，钦差杨敏、李恺、郑和等奉旨前征东西洋各处地方，巡视海宇，经开御库，取用先朝遗书，依法而行。其所依据的，正是元代所流传下来的针簿。㉖故郑和的远航基本上是继承宋元的海洋事业进一步发展，而不是像百年后欧洲人发现新航路那样冒险辟新的类型；但他贯穿并维护了东亚和西亚的海上交通，建立许多中国海商据点，使中国商人掌握了海上丝绸之路的优势。不少沿线岛屿即是郑和所行"西洋航路"上的关键性地标。根据明代钞本针簿《顺风相送》㉗所载福建往交趾的航线，就经过东海到南海沿岸诸岛为关键地标，其中像五虎门、官塘山、东沙山、乌坵山、太武山、浯屿等都位于东海沿岸。㉘

在郑和之后，明朝官方大规模的远航活动已告终止，取而代之的是海防、海禁、治倭以及有限的朝贡贸易。在严密海防的同时，明朝与周边国家仍维持封贡关系进行国际海洋贸易；但日本倭寇和中国海盗利用封贡贸易供需不足的空间，进行非法跨国交易，贸易不成就进行劫掠，甚至以劫掠为主。而明朝实施海禁和对日绝贡，复使倭寇入侵益盛，形成恶性循环。明代日本倭寇和中国海盗在明朝重海防、行海禁的政策下，仍屡见犯禁走私侵掠，强烈反映出东海区域国际商贸不可遏制的需求，但海贸网络旺盛却缺乏互信平衡的机制。从元朝就骚扰中国沿海的日本倭寇，此时侵犯更甚，促使明朝展开对倭寇的征剿与防御；此外，明朝政府仍须与周边国家维持良好的外交关系以维持东亚海域秩序。因此，"对倭寇的征剿与防御"以及"与周边国家的外交"成为明初岛屿的重要议题，其中又以"对倭寇的征剿与防御"相关议题更为重要。

2. 对倭寇的征剿与防御

入侵与征剿：明初的日本正处于列国纷争的时代，许多失业武士到中国东南沿海列岛讨生活，生意不成就改为强抢；他们和元末失败的割据武人一拍即合，成为为患东南的主要势力。明朝开国之初，倭寇数度侵入崇明岛，杀伤居民夺其财货，沿海之地皆受其患。洪武二年（1369）明廷派军扬帆海岛乘机征剿，遂败其众，获倭寇九十二人得其兵器、海艘等。[29] 此后，洪武朝倭寇仍屡屡犯境；从时间上看，洪武朝31年之间，倭寇大约每5年进犯一次。从空间上看，则北起辽东、南迄广东，都不能免于倭害侵扰，其中又以浙江受害最大（5次／31年），山东次之（2次／31年），广东、辽东较少（1次／31年）。[30] 也就是说洪武朝主要的攻防战区是在东海。

但这种时空分布模式到永乐朝有了变化，山东附近的岛屿成为攻防的焦点。永乐迁都后，环渤海地区海防地位骤然凸显，也成为倭寇进犯的目标。[31] 永乐十七年（1419）夏六月，辽东总兵、都督刘江大破倭寇于"望海埚",生擒倭寇数百,斩首千余,无一人能够脱逃。[32] 此役虽然无法完全断绝倭寇的骚扰,但整体情势已趋平稳。纵观永乐朝21年中,倭寇与明军双方在岛屿及附近海域的攻防,五次都在山东沿海;唯有永乐九年(1411)入寇浙东与辽东;以及此后直到嘉靖以前都以浙东为战场,而且规模已较永乐时期为小:如明宣宗洪熙元年(1425)五月,倭寇自蚶岈、亭屿两港攻入桃渚千户所,千户徐忠李海率兵力战,擒贼三人斩首十级;英宗正统七年(1442)五月,二千余倭寇兵临爵溪千户所城,后被官军击退,唯仍潜于附近海岛。[33] 换言之,明代初期发生在山东、辽东沿海岛屿的倭寇犯境与明军征剿在永乐朝的中后期已基本获得控制,但并未完全禁绝且战场复转回浙东沿海。

防御措施:如前所述,明代初期倭寇入侵地点从辽东、山东到浙江的沿海岛屿;明廷在沿海岛屿的防御措施则北自辽东南迄于广东,并不因此阶段较集中于浙江与山东沿海而受影响。明廷在岛上的防御措施,除了普遍在沿海要地设立卫所、巡检司、千户所、百户所等之外,至少包含下列内容:① 添造多橹快舡、增设渡船:洪武六年(1373),明廷谕令造船以巡捕倭寇。德庆侯廖永忠奏请在广洋、江阴、横海、水军四卫等要地,添造多橹快舡,无事则沿海巡徼,以备不虞;[34] ② 筑沿海城堡、石城、堠墩:洪武十九年(1386),明廷命信国公汤和前往浙江温、台、明、越等地,筑沿海城堡,并置松门等卫;[35] ③ 调整移置海防单位:洪武三十年(1397),因原设昌国卫所属之钱仓千户所位在海口,离所属昌国卫二百余里,遇有警急很难应援,故移置爵溪千户所于昌国卫,移爵溪巡检司于姜屿渡。宣德三年(1428),又因初建之各司皆傍海,后沿海居民尽入内地，而巡检司皆孤立，乃奏请移置浙江平阳县井门巡检司于龟峰，白沙湾巡检司于肥艚斗门。黄岩县温岭巡检司于三山，鄞县大嵩巡检司于太平，定海县崎头巡检司于霞屿，以备策应为便；㊱ ④ 岛民迁离与禁制例外：洪武二十年（1387），将福建海洋孤山断屿之民，迁居于沿海新城，并由官府配给田地耕种。㊲洪武二十五年（1392），两浙运司为商人陈情曰：商人赴温州各场支盐者必经涉海洋，然着令军民不得乘船出海，故所司一概禁之，使商人给盐很不便。太祖曰："海滨之人，多联结岛；夷为盗故，禁出海若，商人支盐何禁耶？"于是命兵部移文谕之。㊳

3. 与周边国家的外交

明朝建立后，即遣使交好周边国家，但其中致日本的国书则警告日本应奉表称臣，如再任由倭寇越海犯境，将命舟师扬帆诸岛捕绝其徒。明朝与周边国家关系中的海岛议题，明显集中于与朝鲜的关系之上，并反映出两国关系相对较为密切。例如：明朝廷致书高丽国王提醒倭人出入海岛十余年，不可不虑，大有期望能就近联合防患之意；此外，有朝鲜国渔户、商贩、民人无论是被误为海盗遇擒或为土人所劫，皆给予衣粮送归其国以示优待。㊴换言之，明代初期的岛屿议题也反映了朝贡体制下国际关系的亲疏有别。但笔者以为：由于明朝撤回海外活动，实施海禁政策，禁止商人私航海外，阻绝了地方的航海传统。因此，表面上朝贡体系虽为明朝及其周边国家建立彼此良好关系而赢得政治的稳定，但实际上也限制了他们自己对外的交往联结。㊵

三、明代中期：海贸与抗倭同存互斥的辩证 ⑪

相对于明代初期岛屿治理内、外部形势之判然分别，明代中期则呈现内外因素互动交错的形势——由于海岛特殊的地理位置，内政问题不免深受外部形势的影响。再者自滨海地区出身的海盗，回过头来侵犯陆上同胞，本是内部治理失措的产物，但他们也常是导引外力入寇的帮凶。这使明代中叶的抗倭海防问题多在内外交错的形势下产生，并成为本阶段岛屿议题的重心。明代中期抗倭、海防、通贡等岛屿涉外事件多发生于东南沿海，尤以浙江一带为主，闽潮为次；此阶段岛屿治理的内政议题，包括流移逃人治理、海运商贸等问题，皆集中在山东、辽东一带，并跨越嘉靖、隆庆两朝，这使山东、辽东成为此阶段海防军事的后方，与明初抗倭战事集中于山东的形势已有很大不同。

明代初期，在永乐十七年（1419）"望海埚"之役明军大败倭寇以后，沿海岛屿的倭患问题已获基本控制。或许正由于永乐中后期以降，海疆形势相对缓和，明朝的海防政策趋于松弛，海岛水寨内迁，海防线逐渐内缩。正统九年（1444），烽火门水寨从位于今福建福鼎市东南九十里的秦屿，迁往较近内陆的松山（位于今福州市罗源县）。⑫南日水寨原设于海中南日山（岛），也于景泰年间（1450—1456）迁往莆田去了。⑬浯屿水寨则于成化初年，从位于同安县南的海上孤岛浯屿（今属龙海市港尾镇）迁到厦门。⑭上述水寨内移以后，皆保留旧有名称。

海疆形势的相对缓和，本利于沿海地区经济的恢复发展，但在贡市管道不通畅的情况下，闽浙等省富庶的东海沿岸地区，乃为倭寇进犯的目标。嘉靖二年（1523）日本诸道争贡，其主源义植幼阇不能制命，只好强给符验；群臣争贡，先后至宁波，争长不相下，并相雠杀；其中日僧宗设以市舶太监行事不公，率众毁堂劫库，并大掠宁波沿海诸郡邑，杀备倭都指挥刘锦、千户张镗、百户胡源，执缚指挥袁琎、百户刘恩等，固据海舟，浙中大震，而日倭亦从此有轻中国之心。此时，给事中夏言上言："倭患起于市舶。"遂罢之。罢市反而深化奸豪内外勾结的动因，海上愈无宁日。嘉靖十八年（1539），日本主源义晴[45]复请修贡，明朝虽许贡，但约期十年，人数不能过百，船无过三。然日商一向嗜利中国货物，担任日本正使的周良率五百人来贡，人数远超过约定，且以失利为由迁延不去。[46]不但引起中日贸易纠纷，后并卷入朱纨平倭的战事。

由上述案例可知，日本来华逐商贸之利的意志旺盛，唯贡市条件有限，日人又相互争利，冲突时起，如遇中国海防松弛，内政腐败，和平的贡使转身就是犯境倭寇；原居间中介的华人海商，也可能演变为朝廷所谓的"海盗"。所以嘉靖年间的海寇海防问题，背后有着东亚海域国际贸易需求量大，却缺乏互信合理的国际贸易体制与秩序问题。但在明朝缺乏相关治理知识技术、法制工具以及充分信心时，面对不时来犯的海盗外寇，不能不加强海防、进行军事抵御。海岛水寨原为海防前线，可御敌于海上，并与岸上防部夹攻来犯之敌。内迁以后，等于放弃海防纵深，而使海寇有机占领岛屿，作为进犯的跳板。再加上土地兼并愈烈，军屯制度崩坏，饷源枯竭，士兵逃亡，卫所空虚，战船破损、久不造船，海防荒疏日甚，引诱海盗、倭番外寇勾连侵掠。[47]综观明代中期东海沿岸的岛屿议题皆与涉外问题有关，大概可分为下列各项。

（一）海盗倭番的入寇与平定

1. 双屿倭番——朱纨

嘉靖初年罢市舶司以后，日本和葡萄牙等外寇概透过中国商家、巨室以取私贸之利，其盘踞海岛勾结生计困迫的海民，不时侵犯沿海郡县，连失职的衣冠之士和不得志的生儒亦为之向导。舟山双屿、福建浯屿即为倭番聚居走私的据点，岛上人口曾多达三千有余，甚至还有行政、立法机构、医院和教堂，犹如国中之国。嘉靖二十五年（1546），明朝廷以朱纨为右副都御史，巡抚浙江兼摄福、兴、泉、漳等诸府。翌年，倭寇之泊居宁波、台州等近岛者，登岸攻掠郡邑无算，焚毁官民廨舍至数百千区。朱纨乃下令海禁，毁去民间双樯巨舶；并于嘉靖二十七年（1548），大败盘踞于双屿的海盗与倭寇，执其首脑，驱其党羽；续于二十八年（1549）大败潜居浯屿的佛郎机人，执其首领三人，并诛杀通佛郎机者李光头等九十余人，不但震惊当时与外番私通的豪门巨室，也迫及依靠走私为生的百姓。⑱因此，从浙江宁波、定阳到福建漳州月港的巨家大室竞相诋诬，朱纨因此而遭降职为"巡视"，尝慨然上言："去外国盗易，去中国盗难；去中国濒海之盗犹易，去中国衣冠之盗尤难。"⑲"诸奸畏官兵搜捕，亦遂勾引岛夷及海中巨盗所在劫掠，乘汛登岸，动以倭寇为名，其实真倭无几。"⑳闽浙之人益恨之，弹劾不绝，朱纨乃自缢死。此后，朝野不敢言海禁，尽撤防备，不久即海寇大作，为害东南沿海十余年。㉑

2. 王直集团——王忬、胡宗宪、俞大猷、戚继光

出身于南直隶徽州府歙县王直（《明史》称"汪直"），加入同乡许栋的武装海商集团，并从事与日倭、佛郎机人的贸易；在前述朱纨驱逐倭寇的双屿之役，王直得以脱身遁去，另起炉灶。不久后，他成为明代中叶最知名的中国海盗，甚至是跨国武装海商集团的领袖与倭寇首脑。嘉靖三十二年（1553），王直集合漳州、广东的海盗并勾结沿海各岛倭夷大举入寇，连鉴百余艘蔽海而至，南自浙江台州、宁波、嘉兴、湖州、苏州、松江，北迄淮北滨海，数千里同时告警。[52]

明朝廷以都御史王忬为"巡抚"，提督浙江海道及兴、漳、泉地方军务。王忬重用参将俞大猷。时王直在海中普陀诸岛结寨，为王忬所破；王直等乘间率众逸去转而肆虐苏州、松江及浙江沿海一带，后为俞大猷等邀杀殆尽。[53]此外，其别支余众因遭风灾漂至兴化府南日岛旧寨，登岸劫杀千户叶臣卿等，为知府董士弘、把总指挥张栋击歼。当时，近海诸岛常有倭寇潜栖，沿海奸民亦乘势抢劫，俱为董士弘、张栋率兵击擒，亦遭泉州州兵巡海攻破于石圳澳、深泥湾（在厦门附近）等处。所擒获海盗皆浙江临海、福建漳浦、广东揭阳县人。总括此次王直集团所引起的江南海警，真倭不过居十分之三，中国叛逆实居十分之七。[54]

然王忬亦不免遭到罢用的命运，而改为右副都御史，巡抚大同。王忬去职，正中海盗倭寇下怀。此后海盗肆虐，倭患复起，并从潜栖海岛转而入据沿岸陆地，如上海附近的柘林、川沙、浦东、陶宅港等地。嘉靖三十四年（1555）三月，藏匿在柘林（今上海奉贤）的倭寇，夺舟侵犯乍浦、海宁及其他沿海诸镇，杭城数十里外，血流成河。其间，虽有张

经、俞大猷等抗倭名将屡有战功，却反遭诬陷，而倭患难平。[55] 八月，倭贼三百余进据陶宅港，南直巡抚曹邦辅忧虑其与柘林的倭寇会合衍为大患，乃亲督兵备王崇古会集各部兵，亲召佥事董邦政、指挥楼宇以沙兵助剿，终能尽歼其众。这批由海岛进据陆地的倭寇海盗经行数千里，杀戮战伤不下四五千人，历八十余日始灭。[56] 即使如此，督战有功的曹邦辅也同样遭人构陷，而倭患依然。

嘉靖三十五年（1556），朝廷以胡宗宪为兵部侍郎兼佥都御史。面对侵寇不息的倭患，相对于其他武将，胡宗宪较倾于以"招抚"为策。他遣使移谕日本国王禁戢倭人来犯，并要求交还通商番犯，亦趁时招抚在日本的王直，企图说服其归正并助剿舟山倭寇，唯王直仅要求互市通贡，对归正一事未置可否。不过，他的部下毛海峰果然一败倭寇于舟山岛，再败之于历表，又命人说服各岛相率效顺中国，胡宗宪乃奏请重赏之。[57] 毛海峰的配合固然离平息倭患尚远，但已开启双边进一步接触的可能。胡宗宪交错运用征、饵、招、抚等兵法，颇有成效。是年8月，胡宗宪使海寇徐海伏诛，并重创浙东、江北等地倭寇，在舟山岛盘踞久矣的倭寇，也溃散而去。[58] 翌年11月复诱擒王直伏诛。唯胡宗宪功高如此，终亦不免受到诬陷，嘉靖四十二年（1563）赴京后自杀。翌年三月，俞大猷、戚继光合以强大战力在闽中、潮州一带扫荡殆尽，倭患始平。[59]

（二）海防的建置与备御

明代中叶，浙东海岛不少已为海盗倭寇潜居，但战事集中的浙江官员却未善用地方民力，兵员不足又无民防方策，主事者虽一度招募来自广西湖广的"狼兵",但增援失利。嘉靖三十四年(1554)世宗乃敕命地方守臣"讲求据险聚民之策,当招集崇明等县沙船练习水战,而毋庸专恃调兵"。[⑩]同年,督察军情侍郎赵文华陈海防五事,其中第一事即为岛屿海防布局:分乍浦之船以守海上阳山,苏松之船以守马迹,定海之船以守大衢,形成三山品峙、哨守相连的防卫布阵;此外,更以副总兵屯泊陈钱诸岛以扼三路之冲,使贼不得侵越。[⑪]翌年,巡抚应天都御史周珫亦建言御倭三策,其上策亦利用闽浙岛屿形势布局:"据海上陈前、马迹诸山扼倭夷出没之路,置福船二百、苍山船三百,与两浙兵船会哨于诸岛之间,来则击之,去则捣之,致人而不致于人。"[⑫]嘉靖三十五年(1556),兵部奉旨覆议九卿科道条陈御倭事宜即谓:"防御之法,守海岛为上,宜以太仓、崇明、嘉定、上海沙兵及福、苍、东莞等船守杨山、马迹、宁绍温台及下八山,采捕福、苍、东莞等船守普陀、大衢。其陈钱山为浙、直分路之始,狼、福二山约束海尾,交接江洋,亦属要害,宜令通泰兵备参将督水兵固守。"[⑬]其格局应为赵文华、周珫所陈部署的扩大。嘉靖三十九年(1560),二月,倭寇六千余人流劫潮州等处。此时,浙直一带倭患稍息,倭寇转往闽、广沿岸侵略,可能即是东海沿岸岛屿布防奏效所致。故浙直视师右通政唐顺之升任淮扬巡抚,随即条陈海防善后事宜,俱获朝廷认可。其中第一项"御海洋"亦为重建崇明诸沙、舟山诸山之海岛防线而言。[⑭]

(三)朝贡关系与勘合贸易

明朝政府虽亟于征剿倭寇,但身为"天下秩序"的中心,仍十分重视与周边国家的外交关系,尤其在战事稍息或海贸弛禁以后,对关系良好的国家或酋主，尤凸显其海上救难人道主义的仁政立场。例如，成化五年（1469），浙江奉化县人阎宗达，先年逃入海岛为日本通事，导引倭人来华贸易。是年，其随行的日本国使臣船土官玄树等，因海上遭风丧失方物，乞求如数给价回国，庶期王不见其罪。礼部不准，称四夷朝贡到京，有物则偿，有贡则赏；若徇其请给价，恐来者仿效，捏故希求，且查无旧例，难以准给。唯终究获得上命曰：方物丧失，本难凭信；但其国王效顺，可特赐王绢一百匹，彩段十表里。既而玄树又奏乞赐铜钱五千贯，礼部复执奏不与，且欲治其通事阎宗达教诱之罪。上复命：玄树准再与铜钱五百贯，速遣之去；宗达则不必究治，唯若再反复，族其原籍亲属。⑥由此可见，承平时期无涉于倭寇的日本海商贡使，在受难时仍能得到明朝宽大的对待，与倭患炽烈时期的紧张态势呈现了鲜明的对比。

明代中期与周边国家关系中的海岛议题，仍与朝鲜关系相对较为密切。如正德四年（1509），有朝鲜国人乘舟贸贩海岛，遇风漂至浙江为土人所掠，兵部廷不仅给予衣廪，送归其国；并议处有关失职人员曰："掠夷人财物，殊伤国体；其令巡按御史，各杖之五十；为首者，发戍四川茂州卫；从者，照常例处之；钦等逮问。夷人给衣廪，送辽东转达其国。仍移文使知总督备倭都指挥魏文礼，以失职令自陈状。"⑥正德十四年（1519），浙江定海县获朝鲜国夷玄、继亨等十四人于舟山岛中，守臣送至京师，亦诏给以衣粮遣还国。⑥朝鲜与明朝有朝贡关系，故无论在海岛的民防治安或海难救助，都反映出两国关系的密切。

相对于此，明朝自建国以降，对日本时而准贡，时而绝贡；后虽实施勘合贸易，仍因子量有限远不及于所需，双方关系仍不免紧张。根据明典，日本入贡率以十年为期。嘉靖二年（1523）因日本各道争贡，有通事宋素卿与日僧宗设争贡相仇杀，因而闭贡不与。十八年（1539）日本复来求贡，明朝许之，因与约以后入贡，舟无过三艘，夷使无过百人，并送五十人至京师。但是周良等不及贡期，并以六百人、船四艘来贡。兵部议非正额者，皆罢遣之。时浙江巡抚朱纨亦力陈不便，状陈礼部应只准百人如例，非正额者皆罢勿赏。周良乃自陈贡舟高大，势须五百人操持；而中国商舶入夷中，往往岁匿海岛为寇，故增一艘以为护贡舟也，非敢故违明制。礼部不得已，乃奏请百人之外各量加赏犒，谓百人之制彼国势难遵行，并请相其贡舟斟酌之。此外，日本故有弘治正德入贡勘合约二百道；日本使臣前入贡时，奏乞嘉靖勘合；唯明朝廷仍令以将旧有勘合纳还以后，始予新者。故周良等人乃持弘治勘合十五道，言其余七十五道已为宋素卿之子宋一所盗，捕之不得，并以正德勘合留五十道为信以待新者，而以四十道来还。礼部核其簿籍脱落，故勘合多未缴，仍请勿予新者，并令异时入贡持，所留正德勘合四十道，但存十道为信，始以新者予之。而宋一所盗责，则令捕索以献。[68]

由上述协商过程可知，勘合贸易的数量，远非日本各方所能满足，日方乃以各种说辞，力图扩增数量，位于战争冲突与私易巨利纠葛的海岛，成为其说辞的借口之一。管辖外交事务的礼部，显然比兵部和负责在第一线抗倭的武将，较能宽容采纳日本贡使的说辞，终使中日勘合贸易在激烈的抗倭战事之际，仍能继续进行。周良一度被卷入朱纨抗倭战事而能身免，反映其背后牵动中日两方巨大的贸易利益，朱纨亦以杀戮过甚遭诬黜而死。不久之后，嘉靖二十八年（1549），周良复为日本国王源义晴的正使，再度率团来华朝贡方物，获赐宴赏赏不等，明朝并以白金锦币报赐日本国王及妃。⑥日本贡使周良和抗日名将朱纨下场的迥异，说明明代中叶的抗倭战争，实含有中日两国勘合贸易之利的纠葛与失衡，而双方的冲突多于和平的贸易。

明代中叶的抗倭名将中，胡宗宪最能体会抗倭战争与勘合贸易的纠葛。在现实的战场上，他必须面对平息倭患的重任；从整体形势来考量，他能理解中国海盗和日本倭寇联手背后海贸互市的需求。因此，他上任以后，即派遣生员远赴日本说服王直及其属下归正返国，并许以贸易。在王直这方，其引导倭寇盘踞东南海岛，侵入掠夺，固有所获；但长期下来，亦饱受明朝官兵抗倭的反击，损失亦大，盘踞在岛上的倭寇，甚至有全岛无一人生还者，倭眷多有尤怨；遇日本歉收，米粮不足，更背负重大生存压力。故同乡胡宗宪迎直母与其子入杭州，厚禄以待；又遣人持其母与子之手书前往劝说，并表示"悉释前罪不问，且宽海禁，许东夷市"。王直不免动心，随即传谕日本各岛。山口、丰浚等岛主源义镇亦大喜，随即备装巨舟，派遣善妙等四十余人，随王直等人来华贡市。⑦

嘉靖三十六年（1557）十月初，王直率倭人贡使至舟山岛之岑港停泊。是时，浙江沿海颇伤于倭暴，闻王直等以倭船大至，甚恐惧，兢言其不便。巡按浙江御史王本固亦奏：王直等意未可测纳之，恐招侮。于是朝议哄然，谓胡宗宪将酿东南大祸，浙中文武将吏亦阴持两可。王直自己一登岸就察觉情状有异，但基于对互市的一点期望而未及脱身，终为官兵所缚杀。在此之前，胡宗宪一度不忍杀王直而有延宕，而且有廷议主张留王直等人充当沿海戍卒，以系番情夷心，以俾助经营。但终未被采纳。⑦ 王直死后，原停泊在舟山岑港的倭船人等，见官兵侵逼烧船，乃上山屯驻近年后，自造船移泊于福建浯屿，流劫闽浙之间。至嘉靖三十八年 (1559) 始为临海知府谭纶擒斩尽绝。胡宗宪则被弹劾为"岑港养寇"，并被诬告受贿王直等人的巨额财富，是欺君误国、养寇残民，成为胡宗宪因忧惧而终究无法不杀王直的重要原因。⑫

综上所述，勘合贸易以外的互市需求，完全被朝野上下对王直等人寇略无情的记忆与不信任所掩盖；所谓"王直被诱擒伏诛"的背后，实有海贸之利与海防安全同存而互斥的辩证性，王直最后由日本航返中国登陆的舟山岛，见证了中日朝野之间这种复杂吊诡的互动关系。王直的冒险返华归正，胡宗宪的不忍杀王直，以及着眼于中外海贸经营、维系番倭关系乃至驾驭中日海寇而请为王直留活口的舆论，都含有和平互市的一点初衷，但此时只能完全淹没在强烈对峙的不信任、敌意和冲突之中。

相反的，和明朝有朝贡关系的琉球，在抗倭等相关事务上，其立场与韩国类似，主动协助明朝，明朝也与之维持对应的关系。嘉靖三十五年 (1556)，倭寇自浙直败还入海至琉球国境，中山王世子尚元，遣兵邀击尽歼之，得中国被虏人金坤等六名。乃于嘉靖三十七年 (1558)，派遣陪臣蔡廷会等员入贡，并献还金坤等人。其言曰：琉球乃远夷穷岛，入贡之使须乘夏令，遇南风始得归国；乞请依嘉靖三十四年 (1555) 往例，听任使者于福建海口，每岁自行修买归舟，不候题请。明世宗嘉其忠顺，许之；并赐敕奖谕，赏银五十两，彩帛四袭，获功人马必度及廷会等，俱厚赐遣之。[73] 由此可见，在朝贡关系之下，琉球抗倭固为保卫国土，亦借此透过人员救难和遣返的机会入贡，除获得厚赏外，并得以留滞较长时间从事经营。这种优遇，与强于侵寇却苦于绝贡的日本，形成强烈对比。正因日本不在此朝贡体系之中，在抗倭战事未息之际，明朝君臣即使有意遣使日本交流，并开日本国通贸贡之途，亦非直接遣使，而是命朝鲜、琉球二国承制转谕日本。[74] 因此，万历以后，倭寇转以侵占朝鲜为主，次波及琉球，也象征对此差序有别的朝贡关系的挑战。中朝日琉四方，也都为此付出庞大的代价。

无论是从内外形势交错或内政治理的层面来看，明代中期中央决策层级的岛屿议题，基本上离不开明代海洋活动兼具海防之险与海贸之利的辩证格局。相对于同时期王崇古在山西驻防积累了明蒙草原私市的经验，从而开创了亘古以来蒙汉民族由军事对峙到和平互市的历史里程，[75] 胡宗宪和王直在岛屿激烈战斗背后的互市心念，只能淹没在巨大的猜疑和对立之中。东海沿岸岛屿缺少了像王崇古这样的人和机运，此或许正是明代中期东海局势缺少更大格局加以升华之历史瓶颈所在。

四、明代后期：国际海战与区域联防的扩大 [76]

明代后期万历朝的岛屿议题，主要是因日本倭寇侵犯朝鲜以及琉球、中国的闽浙和台湾地区而引起的防倭问题；就空间而言，绝大部分集中于渤海迄于与朝鲜交界的海域，亦及于朝鲜沿海、中国东海沿岸、琉球和中国台湾诸岛,反映出因倭寇引起的国际海战以及区域联防范围的扩大。兹就其影响东海局势相关的部分论述之。

(一)倭寇、抗倭与防倭

自嘉靖末年倭患平息以后,直到万历初年仍有零星倭寇犯境的事件,如万历六年(1578)通州发现附近有倭船潜伏海岛,潮州地方的海盗林道干复引倭寇入犯东南等。[77]因此兵部奏准因岭东濒海倭夷、岛贼出没不常,以广布兵船邀截外洋为上策。[78]此后,明朝对江浙沿海诸岛的防卫直到万历十九年(1591)都未松懈。[79]即因明朝海防严密,倭寇乃将进犯的目标转移到朝鲜。万历二十年(1592)五月,刚统一日本的丰臣秀吉派20万兵大举侵寇朝鲜。朝鲜史称"壬辰倭乱",日本史称"文禄之役",中国史则称"万历朝鲜之役"。丰臣秀吉(1537—1598)有称霸亚洲的野心,早就订下入侵明朝的计划——他打算先派兵占领朝鲜,自己渡海中国居留宁波,随后占领大明首都,并将奉迎日本天皇迁都北京,合三国为一体。[80]入侵朝鲜乃是他入侵中国、称霸东亚的第一步。

万历二十五年(1597)正月丰臣秀吉再度发动侵朝战争。[81]是年二月,明朝再议东征,并以朝鲜兵唯闲水战,拟募兵川、浙,并调蓟、辽、宣、大、山、陕兵及福建、吴淞水兵,并由刘綎督川、汉兵六千七百听剿。十月,福广浙直水兵直捣日本,倭闻风遂不敢进。[82]十一月,游击茅国器统浙兵先登连破之,获级六百余;倭饷难继,啮纸充饥。[83]万历二十六年(1598)春正月,总督邢玠更募江南水兵,以精海运,为持久计。当时倭寇盘踞朝鲜已七年,没海千余里,亦分三窟。万历二十六年

(1598) 七月丰臣秀吉死，各路倭寇俱有归去之意；加上二十七年 (1599)四月，明兵征倭告捷，战事始告段落。[84]

在倭寇侵略朝鲜期间，明朝援助抗倭的战场虽在朝鲜，但海路的抗倭与防务，亦重视中国沿海岛屿的部署。万历二十五年 (1597) 九月，大学士沈一贯疏言多调浙直闽广惯战舟师，相度机宜进剿釜山、闲山岛及对马岛，一则以战为守，俾巩固天津、畿辅以及登莱门户；二则由朝鲜南部诸岛夹攻倭寇，尾其后而绝其饷，使腹背受敌。[85] 不过，万历二十六年 (1598) 正月，明兵进攻朝鲜闲山岛的战事失利，乃改思利用丰臣秀吉残虐、各岛倭众愤怨已久的氛围，以闽广两省之人跨海联结商贩，因势利导，以杂出其间。[86] 从调用浙直闽广海军，到利用闽广海商游说，都离不开东海周边各国之间贸易与征战交错的格局。虽然此时抗倭的战场在朝鲜不在中国，但明朝在大陆沿海岛屿的布防，北起渤海、黄海，南迄东海闽浙，不敢掉以轻心。其中虽以渤海及辽东、山东岛屿为重点，右通朝鲜，左卫津京；但为东南沿海防务，亦将熟识岛情的广西总兵童元镇调往浙江。[87] 又以闽浙接壤，南麂岛为两省冲要，改温处参将为副总兵，另添设闽兵一支令统领汛守，听浙福抚镇节制调遣。[88]

日倭入侵朝鲜虽长达七年，但并未得到与中国、朝鲜和平贸易的结果，故一面把目标转移到琉球，另一面打算与朝鲜言和，企图藉乘朝、琉与中国朝贡贸易之便。万历三十七年 (1609) 日本萨摩藩发兵三千侵入琉球，执中山王，迁其宗器。萨摩藩并吞琉球，希望能假借琉球的名义，对明朝进行朝贡贸易，连续于万历三十七、三十八年派遣贡使来华。先是琉球使臣以进贡为名义到达福州，秘密将中山王的奏折交给福建巡抚陈子贞，内文报告萨摩藩入侵琉球，盼明朝出面交涉。陈子贞虽速将此事上报朝廷，但一直到次年的七月，朝廷才得知此事而降旨暂缓贡期。[88]据万历四十年（1612）八月兵部所奏："倭自釜山遁去十余年来，海波不沸，然其心未尝一日忘中国也。三十七年三月倭入琉球，掳其中山王以归；四月入我宁区牛栏（按：位于象山东面的小岛），再入温州麦园头（按：位于温州海口）；五月入对马岛，倭酋云苏等来致其国王源秀忠之命，欲借朝鲜之道通贡中国。三十八年闰三月，薄我宁区坛头（按：位于象山石浦东面的小岛），又两遣伪使觇我虚实。今四十年，琉球入贡者夹杂倭奴，不服盘验。"[90]除了入侵琉球外，倭寇又侵入宁波、温州等地岛屿。明朝乃在宁波沿海岛屿以及舟山、昌国等岛部署备倭，并明谕朝鲜君臣务必自强控守其国南鄙。[91]

此期间明朝所面临的岛屿防务愈趋复杂，不只为了应对倭患，还须面对西洋东来的新形势。万历四十四年（1616）五月左右，倭寇再度侵犯宁波外海，为明朝官兵所逐，复侵犯大陈岛不克而会集于温州。不久，又在南麂岛与明兵激战而遁走。兵部有鉴于此乃疏言：浙地乃滨海所在，温州、台州、宁波三区俱属防倭要冲，鸡笼、淡水二岛正对南麂，尤当日夕戒严者。[92]明朝无疑已将台湾岛纳入与闽浙一体的海防范围。万历四十四年（1616）六月，琉球国中山王遣通事蔡廛来言：迩闻倭寇各岛造战船五百余只，欲协取鸡笼山，恐其流突中国，为害闽海，故特移咨奏报巡抚福建右副都御史黄承玄以闻。谓鸡笼逼我东鄙距汛地仅更数水程。倭若得此，益旁收东番诸山，以固其巢穴，然后蹈瑕伺间，为所欲为；倭若犯福宁，则闽之上游危；越东涌以趋五虎，则闽之

51

门户；危薄澎湖以瞰漳泉，则闽之内地；危非唯八闽患之，恐两浙未得安枕也。[93]蔡廛的分析凸显了台湾对闽浙安全的重要，而其主动通报倭寇侵台动向，也是出于琉球自身安全的考量。

万历四十五年（1617）四月，巡按福建监察副御史韩仲雍驰至小埕水寨，召倭目、船中头目，问其何故侵扰鸡笼、淡水？何故谋据北港？何故擅掠内地及侵夺琉球等事，俱以甘言对。乃续谕令：所经浙境乃天朝之首藩，迤南而为台山、为礵山、为东涌、为乌坵、澎湖，皆我闽门庭之内，岂容汝涉一迹？以上年琉球之报，谓汝欲窥占东番、北港，传岂尽妄？汝若恋住东番，则我等寸板不许下海，寸丝难以过番。言毕，倭目、船中头目等各指天拱手连称不敢，随差官押送定海所而去。[94]但事实上，倭寇对东番也就是台湾的意图或未稍减。

万历四十五年（1617）八月，倭寇又欲入侵东番而其国人未附，很可能是对中国议论的忌惮。其图进台湾不成，乃转向东沙外洋，唯船舶为风灾所破；巡海道韩仲雍趁机会同兵备道卜履吉、参将沈有容分北中南三路合势仰攻，掳倭约八十七人。此外，分巡福宁道右布政使黄琮报、把总何承亮亦追倭极东外洋，围袭倭船，所获六十七名皆长崎岛倭；因其酋长等安遣其子秋安谋犯鸡笼、淡水，屡失利而不敢归，转而侵入浙江台州地方，复抢大船至韭山牛栏几、南麂、白犬澳等处抢掳渔户往来劫掠，适遇飓风遂为明兵擒获。[95]如上所述，万历后期随着倭寇侵扰路线的变迁，明朝抗倭防倭的范围也从闽浙沿海延伸至鸡笼、淡水一带；当时的东海乃呈中日海战笼围扩大，闽、浙、台区域联防纳为一体的局面。

(二) 海商与海盗

明代后期虽有倭寇侵扰，但因东南沿海番舶东来贸易的新形势，明朝开始议论制定开放航贸的管理办法，这与明代中期闽浙一带苦于倭患的情形已大不相同。前福建巡抚涂泽民曾以漳泉滨海之人藉贩洋为生之由，议请准许番舶告给文引，准其与东西诸番贸易，唯独不许私赴日本；其商贩规则为：勘报保结则由里邻，置引印簿则由道府督察，私通则责之海防，抽税盘验则属之委官。万历二十五年（1597）十一月，抚按金学曾等以其法久渐敝，乃奏准重新拟定办法：除了定舡式、禁私越、委官岁、委府所、禁需求外，并派员驻扎海澄专管榷税，而海防同知不必兼摄；在引数方面，则于东西洋引及鸡笼、淡水、占坡、高址州等处共引一百十七张外，请再增二十张发该道收贮，至于引内之国道东西听各商填注。[96]

福建海商向习与番舶、倭人贸易，甚至在明朝兵部眼中，所有通倭之人皆为闽人，合福州、兴化、泉州、漳州共数万计；但反对视此数万人皆倭患之由，因为闽人亦与吕宋诸国通商，吕宋人不若日倭狡诈，且其岛渺小，不致为患。据万历四十年（1612）八月兵部所奏，福建海商"岁给文往者船凡四十艘，输军饷四万两，而地方收其利，故不必与倭并论也"。[97]福建海商厚输军饷，显然使兵部体验到海贸的好处。虽然仍称潜于闽浙沿海岛屿的通倭者为"中国之奸民"[98]，但其视海贸之民不可与倭人并论的心态，已反映万历末期明朝官方对从事海外贸易商民的评价已较正面。

万历时期中国海盗除了在大陆沿岸岛屿出没外，其活动的范围已扩至南海，引起明朝中央和地方官员的注意。万历六年（1578）十一月，林道干、林凤等逃往岛外，豪门巨室与彼勾结，伪造引文，收买禁物；福建巡抚刘忠问谓彼等"藉寇兵而赍盗粮，为乡导而听贼用"。乃奏请下令闽广地方官查照管制，尤须令沿海居民立保甲互相稽查有无通贼接济，如一家接济则九家连坐，其甲保长另行重处。[⑨]林道干不但据有中国沿海岛屿，出没为患，将士不能穷追；并远航东西洋路各岛，并以大泥（按：位于马来半岛）、暹罗为窟穴，进而逼胁大泥、侵暴暹罗。两国乃遣通事来言愿自效往擒。[⑩]中国海盗除了侵犯外国，也劫掠同胞。万历十七年（1589）四月，曾经与琼州海盗李茂、陈德乐等各据海岛、肆行抢掠的林凤不知所踪；而李茂等人表面接受招抚，私下仍拥众屡盗珠池，做贼如故；后并扬帆入海，复回头侵犯海南岛南面的清澜城以及万州、陵水等地。[⑩]林道干与林凤等从中国沿海岛屿而远航东西洋路各岛的走私劫掠，反映明代后期民间的海洋活动已走在官府前面，将东海和南洋联结贯通，并预示下一阶段即将面临西力东渐之更大变局的到来。

五、结语：战争与和平的当代启示

明代初期岛屿议题，系以对倭寇的征剿与防御为中心，东海沿岸岛屿成为两军交接的界面，形成国防问题；还有由于政权更迭而衍生出的岛屿流民招安管控的内政问题，以及维系东海国际秩序的外交问题。无论是为了内政的征抚或对外抗倭，明代初期的岛屿治理都以海防的军事需要为前提，议论所及的岛屿主要集中在浙江、山东沿海一带，反映出倭寇犯境的目标所在。在"海防"为首要考量的意识下，明朝常将留居岛屿或出海活动的人民视为罪犯，并实施海禁政策；但受到儒家价值观影响和现实情势的需要，在内政上终究对岛民施行招安政策，在外交上则在朝贡体制下营造出远近、亲疏有别的国际秩序。总体而言，明代初期的东海局势呈现由征战走向和缓的趋势。

明代中期的岛屿议题，基本上仍不离明代海洋活动兼具海防之险与海贸之利的辩证性质。在涉外海洋事务上，除了延续前期的倭寇、抗倭的对应格局外，更出现中外海寇交错、贡寇相间的复杂情势。缘于永乐之后倭寇来犯趋缓，东海沿岸岛屿的海防相对松弛，致使倭寇复集中侵扰较富裕的浙江沿海，闽潮为次。抗倭名将总是功高反遭弹劾贬屈，而倭寇之患依然征而不息，反映出东海周边旺盛的跨国贸易需求以及相应体制的缺乏。儒将胡宗宪和海寇王直在激烈战斗背后的互市心念，不敌巨大的猜疑和对立结构。这反映了明代中期的东海局势仍缺少全面由军事征战转为和平互市的机运，此历史瓶颈将一直延续下去甚至更趋恶化。

明后期的万历年间，倭寇侵扰范围跨及黄海、东海与南海。万历三十七年（1609）以后尤以东海为主轴而入侵琉球等地。此时期倭寇侵犯具有跨国性质，抗倭和防倭的活动也有跨国、跨区联防的倾向。此外，海商与海盗也不乏跨国活动的能量，并将东海与东西两洋联结起来，如闽商以海外贸易之利反馈海防军需而逐渐受到正面看待，林道干之为"海盗"既引起地方保甲互相稽查，又成为海外跨国通缉对象。他们的出现与存在，其实与倭寇一样，都是明代中国对外通商需求旺盛、东亚国际海贸市场活络，却欠缺合理的国内机制与国际管道的产物。

纵观明代岛屿的核心议题，可说聚焦于倭寇、抗倭与防倭问题以及朝贡贸易和民间私市等题之上，并由此反映东海国际网络中的战争与和平，值得今人进一步厘清与诠释，以为当代东亚人民和平交往、相互理解提供长远愿景与意义纵深，并召唤当代东亚人民的和平转换。东亚海域的贸易活动至今依然旺盛，明代岛屿议题及其所呈现之东海局势的当代启示是：海洋贸易之利必须在国防安全、内政治理以及和平外交等内外兼顾的愿景和机制下方能实现；东亚国际社会应以和平交往、共生互利取代隔阂、猜疑与征战，并以互信为前提，共同制订合理、安全而平衡的交易机制。但这些仍有待今人以更普遍的海洋人文价值共识，付出持续、广泛的努力。

注释

① 凌纯声：《中国古代海洋文化与亚洲地中海》《中国边疆民族与环太平洋文化》，台北：联经出版事业公司 1979 年版，第 335—344 页。

② 杨国桢：《闽在海中：追寻福建海洋发展史》，南昌：江西高校出版社 1998 年版，第 3 页。

③ 黄丽生：《海岛的疏离与连结：马祖历史人文的特质与可能性》，收入黄丽生编《2009 马祖研究：历史遗产与当代关怀》，马祖：连江县政府文化局，2009 年，第 4—8 页。

④ 吕淑梅：《陆岛网络：台湾海港的兴起》，南昌：江西高校出版社 1999 年版，第 10—14 页。

⑤《马祖亮岛的"亮岛人"经 DNA 演化基因证实为最古老的南岛民族》，"中央社"讯息服务，2014033111：59：58。http://www.cna.com.tw/postwrite/Detail/145012.aspx#.ViTUPdIrJkg。浏览时间：2015 年 10 月 19 日。

⑥ 陈仲玉，王花俤：《马祖炽坪陇遗址研究计划期末报告》，马祖：连江县马祖民俗文物馆，未着刊印年代，第 3—4 页。

⑦ 黄丽生：《海岛的疏离与连结：马祖历史人文的特质与可能性》，第 1—45 页。

⑧ 吕淑梅：《陆岛网络：台湾海港的兴起》，第 14—15 页。

⑨ 江柏炜：《从军事城堡到宗族聚落：福建金门城之研究》，《城市设计学报》，第七／八期，1999 年 3 月，第 145—160 页。

⑩ 参见 Huang, Li-sheng, 'The Issues of Islands Governing in Early Ming Dynasty', Journal of Marine and Island Cultures, 23, June, 2016, pp.5—10. 另以中文发表参见黄丽生，2018，《明代初期的岛屿治理议题：以〈明实录〉为中心》，收入陈支平、王炳林主编《海丝之路：祖先的足迹与文明的和鸣》第一辑（厦门：厦门大学国学院，2018.5），第 365—382 页。（MOST 104-2420-H-019-001）之部分研究成果。

⑪ [清] 张廷玉：《明史》，卷一百二十三，列传第十一，第 3697—3700 页。

⑫《明实录》，太祖，卷八，第 91 页。

⑬《明实录》，太祖，卷二十七，第 409 页；[清] 张廷玉：《明史》，卷一百二十三，列传第十一，第 3699—3700 页。

⑭《明实录》，太宗，卷二十一，第390页。

⑮《明实录》，太宗，卷三十二，第565—566页。

⑯《明实录》，太宗，卷五十二，第787页。

⑰ 有学者认为此"白屿洋"位于"国外"。见庄国土：《论中国海洋史上的两次发展机遇与丧失的原因》《南洋问题研究》，厦门：厦门大学东南亚研究中心，2006年第1期。但本文以为，白屿洋应位于东海海域。据向达校注《两种海道针经》之"指南正法"，"白屿洋"在兴化外海，当不在国外。见向达：《两种海道针经》中"指南正法"之"高戈"东山形水势："野马门门中有沉水礁可防，外去是白屿洋，有沉水碎礁可防，非惯熟不去认。"

⑱《明实录》，太宗，卷六十三，第903—904页。

⑲ 刘志伟：《从乡豪历史到士人记忆——由黄佐〈自叙先世行状〉看明代地方势力的转变》《历史研究》，2006年6期。

⑳ Ptak, Roderich, 1998, China and the Asian seas: trade, travel, and visions of the other (1400—1750). USA: Ashgate, I, pp.23-24.

㉑ Ibid. VI, pp.35-36.

㉒ [清]张廷玉：《明史》，台北：鼎文书局1994年版，卷九十一，志六十三，兵三，第2243页；卷三百二十二，列传二百一十，外国三，日本，第8341页。

㉓ [清]张廷玉：《明史》，卷九十一，志六十三，兵三，第2243页。

㉔ [清]张廷玉：《明史》，卷三百二十二，列传二百一十，外国三，日本，第8344页。

㉕ [明] 冯璋：《通番舶议》《冯养虚集》，收入《明经世文编》卷280，北京：中华书局1962年版，第2965页。

㉖ 庄为玑：《海上集》，厦门：厦门大学出版社1996年版，第125页。

㉗ 今藏在英国牛津大学伯德连图书馆（Bodleian Library）的《顺风相送》手钞本，附有中国教徒沈宗福（Michael Shen）于1638年访问该校时，用拉丁字母拼写的标题"Xin Fum Siam Sum"。参见 Brook, Timothy, 2013, Mr. Selden's map of China: decoding the secrets of a vanished cartographer. New York: Bloomsbury Press, p.127.

㉘ ㉙ 杨国桢，前引书，第54—57页。笔者考证：《顺风相送》序文有曰："又以牵星为准，保得宝舟安稳。""永乐元年奉差往西洋等国开昭，累次校正针路，牵星图样，海屿水势山形图画。""宝舟"一词专指郑和下西洋的船只，"牵星"指过洋牵星术，是《郑和航海图》中使用的术语。序文清楚说明《顺风相送》的作者根据已有的针路图进行校正针路、牵星图、水势山形。《顺风相送》的校正者极可能就是郑和宝船上的舟师，著书年代应该是明永乐年间。参见 http://baike.baidu.com/view/906413.htm。浏览时间：2015年10月20日。

㉚ [清] 谷应泰：《明史纪事本末》，北京：中华书局1977年版，卷五十五，《沿海倭乱》，第841页。

㉛ 赵树国：《明永乐时期环渤海地区的海防》《山东师范大学学报（人文社会科学版）》，2014年，第59卷第4期（总第255期），第100页。

㉜《明实录》，太宗，卷一百七十七，第1935页；卷二百一十三，

第2143页；谷应泰：《明史纪事本末》，卷五十五，《沿海倭乱》，第842—843页。

㉝《明实录》，宣宗，卷二，第40页；英宗，卷九十三，第1884页。

㉞《明实录》，太祖，卷七十八，第1423页。

㉟《明实录》，太祖，卷二百四十，第3486页。

㊱《明实录》，太祖，卷二百五十五，第3692页；宣宗，卷三十七，第909页。

㊲《明实录》，英宗，卷一百八十四，第3652页。

㊳《明实录》，太祖，卷一百八十二，第2748页；卷二百二十，第3225—3226页；卷二百十九，第3218页。

㊴《明实录》，太祖，卷三十九，第787页；卷四十六，第907—908页；太宗，卷十二上，第209—210页；英宗，卷二百三十二，废帝郕戾王附录第五十，第5069页；宪宗，卷六十三，第1280—1281页；孝宗，卷一百五十七，第2834页。

㊵ Leonard Bluss, 2008, Visible Cities: Canton, Nagasaki, and Batavia and the coming of the Americans. Cambridge, Mass.: Harvard University Press, p.15.

㊶ 参见黄丽生：《明代中期的岛屿议题：以〈明实录〉为中心》，《南海学刊》2016年第2卷第1期，海口：海南省社科院，第1—10页。

㊷ 福建省地方志编纂委员会：《霞浦县志》，北京：方志出版社1999年版，第十八篇军事，第二章驻军，第二节福宁卫军，三、烽火

水寨。

㊸ [明]胡宗宪:《筹海图编》《钦定四库全书》本，卷四。

㊹ 周凯:《厦门志》卷二，南投市：台湾地区文献委员会，1993年，第30页。

㊺ 即日本室町幕府第12代将军足利义晴。

㊻ [清]谷应泰:《明史纪事本末》，卷五十五，北京：中华书局1977年版，第844—845页；与《明实录》所载六百人四艘船有异，见世宗，卷三百四十九，第6321页。

㊼ 卢建一:《明清海疆政策与东南海岛研究》，福州：海峡出版集团2011年版，第28页。

㊽ [清]谷应泰:《明史纪事本末》，卷五十五，第845—846页；[清]张廷玉:《明史》卷二百零五，列传九十三，朱纨传，第5403—5404页。

㊾ [清]张廷玉:《明史》卷二百零五，列传九十三，朱纨传，第5404—5405页。

㊿《明实录》，世宗，卷三百五十，第6325—6327页。

(51) [清]张廷玉:《明史》卷二百零五，列传九十三，朱纨传，第5405页。

(52)《明实录》，世宗，卷三百九十六，第6971页。

(53) [清]谷应泰:《明史纪事本末》卷五十五，第848页。

(54)《明实录》，世宗，卷四百三，第7061—7062页。

(55) [清]谷应泰:《明史纪事本末》卷五十五，第851—855页。

㊺《明实录》，世宗，卷四百二十五，第 7363—7367 页。

57《明实录》，世宗，卷四百三十四，第 7749—7480 页。

58 [清] 谷应泰:《明史纪事本末》卷五十五，第 860—861 页。

59 同前注。

60《明实录》，世宗，卷四百十六，第 7222 页。

61《明实录》，世宗，卷四百二十五，第 7362 页。

62《明实录》，世宗，卷四百十九，第 7262—7263 页。

63《明实录》，世宗，卷四百三十三，第 7471—7472 页。

64《明实录》，世宗，卷四百八十，第 8017—8018 页。

65《明实录》，宪宗，卷六十三，第 1280—1281 页。

66《明实录》，武宗，卷五十三，第 1202 页。

67《明实录》，武宗，卷一百七十四，第 3366 页。

68《明实录》，世宗，卷三百四十九，第 6321—6322 页。

69 同前注，第 6321 页。

70《明实录》，世宗，卷四百五十三，第 7675—7677 页。

71 同前注，第 7677—7678 页。

72《明实录》，世宗，卷四百七十二，第 7923—7924 页；卷四百七十四，第 7954—7955 页。

73《明实录》，世宗，卷四百五十五，第 7702 页。

74《明实录》，世宗，卷四百八十，第 8017 页。

75 王崇古出身于晋商家族，其舅张四维为辅佐张居正的要员，在担任守边重任时利用时机促成明朝与俺答汗的和平贡市。其所以成功，除了制定务实的政策与法规外，得到中央决策的支持亦至关紧要。参阅黄丽生：《由军事征掠到城市贸易：内蒙古归绥地区的社会经济变迁（14世纪中至 20 世纪初）》。

⑦⑥　参见黄丽生：《明代万历时期的岛屿议题：以〈明实录〉为中心》，《海洋文化学刊》，第 21 期。

⑦⑦《明实录》，神宗，卷八十，第 1707 页。

⑦⑧《明实录》，神宗，卷八十，第 1707 页。

⑦⑨《明实录》，神宗，卷二百四十二，第 4507 页。

⑧⑩　赖山阳原著，池边义象译述：《邦文日本外史》卷之十五，东京：郁文舍，1911 年，第 1049—1050 页；罗丽馨，《丰臣秀吉侵略朝鲜》，《"国立"政治大学历史学报》，第 35 期，2011.5，第 44—48 页。

⑧①《明实录》，神宗，卷三百零七，第 5743 页。

⑧②《明实录》，神宗，卷三百一十五，第 5884 页。

⑧③《明实录》，神宗，卷三百一十七，第 5912 页。

⑧④　[清] 谷应泰：《明史纪事本末》，第 972—978 页。

⑧⑤《明实录》，神宗，卷三百一十四，第 5868—5869 页。

⑧⑥《明实录》，神宗，卷三百一十八，第 5922 页。

⑧⑦《明实录》，神宗，卷三百一十八，第 5919—5920 页。

⑧⑧《明实录》，神宗，卷三百一十八，第 5923 页。

⑧⑨《明实录》，神宗，卷四百七十三，第 8941 页；卷四百九十六，第 9432 页；何慈毅：《明清时期琉球日本关系史》，南京：江苏古籍出版社 2002 年版。

⑨⓪《明实录》，神宗，卷四百九十八，第9384页。

⑨①《明实录》，神宗，卷四百九十八，第9386—9387页。

⑨②《明实录》，神宗，卷五百五十一，第10417—10418页。

⑨③《明实录》，神宗，卷五百四十六，第10352—10353页。

⑨④《明实录》，神宗，卷五百六十，第10557—10559页。

⑨⑤《明实录》，神宗，卷五百六十，第10564—10565页。

⑨⑥《明实录》，神宗，卷三百十六，第5899页。

⑨⑦⑨⑧《明实录》，神宗，卷四百九十八，第9384页。

⑨⑨《明实录》，神宗，卷八十一，第1724页。

⑩⓪《明实录》，神宗，卷九十九，第1977页。

⑩①《明实录》，神宗，卷二百十，第3929页。

中韩青瓷之路——越窑与高丽青瓷的渊源

郑腾凯   金德洙

(韩国国立群山大学   中国海洋大学)

摘要：青瓷，在中国陶瓷史上散发着璀璨的光芒。而这耀眼光芒的中心，便是位于浙江地区的越窑。越窑青瓷从古至今一直备受赞誉，唐代的陆龟蒙便称赞其"九秋风露越窑开，夺得千峰翠色来"。除在中国历史上留下绝妙的身影外，越窑青瓷还成了中韩交往的友好见证，获得了广大韩国人民的喜爱。当时的高丽工匠在越窑青瓷的影响下，凭借他们的智慧和汗水，制造出与越窑青瓷珠璧交辉的高丽青瓷。本文借越窑青瓷与高丽青瓷的种种过往，探寻两地之间的政治、经济与文化交流，为双方今后的交往提供借鉴。

关键词：越窑；高丽青瓷；青瓷

一、越窑青瓷与高丽青瓷的起源与发展

(一) 越窑青瓷的兴起与衰亡

青瓷是中国历史上最早出现的瓷器之一，随后的长足发展也使其成为中国陶瓷烧制工艺的珍品。而越窑是中国古代久负盛名的青瓷窑系，其青瓷制品历史悠久、影响深远，是传统制瓷工艺的杰出代表之一，备受古今中外爱好者的盛誉和青睐。

对于越窑涵盖的时间和空间，业界保持着一定的争论。广义与狭义的越窑概念存在着较大的差别，其中两种观点比较有代表性：其一是广义的越窑概念，《中国陶瓷史》认为"这里（上虞、余姚、绍兴等地，原为古代越人居住地）的陶瓷业自商周以来，都在不断地发展着。特别是东汉到宋的一千多年间，瓷器生产从未间断……产品风格虽因时代的不同而有所变化，但承前启后、一脉相承的关系十分清楚，所以绍兴、上虞等地的早期瓷窑与唐宋时期的越州窑是前后连贯的一个瓷窑体系，可以统称为'越窑'"[1]；其二是任世龙与林士民等持他见的学者认为《中国陶瓷史》一书是对完整的"越窑体系"的定义，任、林等学者将越窑的概念缩小化，其观点大致为唐宋之前的瓷业文化遗存称为"早期越窑"，唐宋时期称为"唐宋越州窑"，唐宋之后称为"南宋余姚窑"，它经历了"先越窑—越窑—后越窑"的文化序列演变[2]。因此在后者看来，"越窑"的含义仅包括"唐宋越州窑"，而这也与目前公认的说法较为符合。所以，虽然整体而言，越窑的发展历史上可追究到商周，下可完结于南宋，但本文探讨的是时间范围始于东汉、终于南宋的

越窑主要发展历史。

1. 东汉时期

东汉时期是越窑青瓷的诞生时期。当时浙江的青瓷生产窑场主要位于宁波、上虞、永嘉一带，青瓷生产行业已初具规模。在上虞一带窑场尤为集中，其主要生产的青瓷器具类型为各种日常生活所用的罐、壶、盘等物件。且为了适应当时日益盛行的丧葬习俗，专为死者烧制的瓷器随葬品产业也有一定发展，这一点也推动了越窑青瓷产业的进步。当时的青瓷烧制工艺已日渐成熟，早期大量存在的陶、瓷器合烧的烧制工艺开始被逐步淘汰。原始青瓷的产量大幅度提高，为成熟青瓷的烧制打下了良好的技术基础。东汉时期的浙江青瓷，产品从原始青瓷过渡到成熟青瓷。1978年，在奉化白杜南岙蟹山砖室墓中，出土有越窑青瓷水井、镂孔熏炉、耳杯和"熹平四年"砖质买地券一方。其中的水井淡灰胎，表面披有色泽均匀的青釉，胎釉烧结程度良好，是东汉晚期越窑青瓷的实证[3]。

东汉晚期成熟青瓷的制成，可以说是越窑青瓷正式诞生的标志，是越人工匠在陶瓷史上做出的巨大贡献，这对中国瓷器的发展而言具有划时代的意义。

2. 三国两晋南朝时期

三国两晋南朝时期是越窑青瓷的发展成熟时期。三国时期的浙江青瓷，刚刚从原始走向成熟，所以当时的成熟青瓷仅稍具雏形，其造型和装饰特征基本上还是沿袭汉代陶器的制作方式，特别是罐、壶等瓷器与汉代陶器的造型十分相似。

当时越窑瓷器的主要生产地仍是上虞一带，上虞境内目前考古发现的三国时期青瓷窑遗址就有三十多处。当地工匠因地制宜，充分发挥了曹娥江等江河的水利优势。工匠们在上虞的曹娥江两岸建造窑场，其一可从曹娥江直接取水用于生产瓷器，其二可使用便利的水运交通。这些区位优势有力地推动了三国时期上虞地区的制瓷业发展。其生产出的大量青瓷器具，无论是生活用品还是观赏用品，器型设计都开始日益丰富起来，实用性与观赏性都有一定进步。从一件三国纪年墓中出土的铭文青瓷虎子器形来看，器形为椭圆形，腹部略为收敛，两端略平，器形为虎形，腹下四肢曲伏，器背上提梁设计成虎形，且虎首回顾。体现出当时的青瓷文化已达到了相当高的水平[4]。

两晋时期浙江青瓷生产规模相当巨大，已开始将青瓷产品销往全国各地。虽然生产中心仍是上虞地带，但德清、余杭、慈溪、余姚、鄞县以及浙江中部南部的金华、临海、温州等地的窑场也如雨后春笋般涌现出来。两晋时期的瓷器生产工艺也有了进一步提升，造型丰富、设计多变的各式瓷质器具陆续走向市场。与三国相比，西晋越窑青瓷的制作工艺则偏向于深沉稳重，其釉质偏好从淡色的薄釉转向青灰釉。且西晋的青瓷产业吸取了当时铜器和漆器的造型与装饰特点，青瓷制品上出现了龙虎凤纹类型的装饰题材。到了东晋，由于浙江境内其他窑场的竞争，越窑青瓷的产品质量反而有些下降，瓷器胎质变粗，釉色也偏黄，总体风格未发生太大变化，但越窑窑场也开始向周边扩张。

南朝时期动荡的社会环境给越窑青瓷生产带来了显著的不利影响。宋齐梁陈王朝的更替，频繁的战乱与萧条的经济使越窑青瓷的品种开始减少，质量也发生了显著的衰退，瓷器产品胎质粗糙，釉色发黄，釉层脱落问题多有发生。值得一提的是，随着佛教的盛行，佛教相关的莲瓣等纹饰也在当时流行起来。其后国祚短暂的隋朝，越窑青瓷也未出现显著变化。

3. 唐至北宋早期

国富民强的盛唐为越窑青瓷的发展提供了一个绝佳的外部环境，越窑青瓷也开始进入鼎盛时期。唐代以降，位于慈溪上林湖、古银锭湖的越窑青瓷业飞速发展，并以之为中心形成了中外闻名的越窑瓷器中心，产品质量更是远超前几代的上虞曹娥江流域窑场的青瓷。中唐之后，繁华的商品经济与发达的海外贸易进一步推动了越窑青瓷的发展。浙江越窑青瓷经过海陆交通输往全国各地和国外，向世界各地传播了浙江越窑青瓷文化。因此，越窑的规模迅速扩大，因单色釉青瓷闻名于世而自成一派。当时的中国形成了南方越窑青瓷与北方邢窑、定窑交相辉映的"南青北白"格局。晚唐时期，在浙江余姚上林湖出现了专烧秘色窑贡品的"贡窑"。上林湖越窑所产的青瓷质地细腻，壁薄通透，釉色水润，图案除了龙凤云鹤等祥瑞外，也有花鸟蝴蝶等民间色彩。而"秘色瓷"这一称呼源自北宋赵德麟的《侯鲭录》卷之六："今之秘色瓷器，世言钱氏有国，越州烧进，为供奉之物，不得臣庶用之，故云秘色。"南宋周辉的《清波杂志》亦云："越上秘色瓷，钱氏有国日供奉之物，不得臣下用，故曰秘色。"由此可知，秘色瓷应是上供皇室之物，且臣下不得用。而通过研究考古发现的秘色瓷可知，"秘色"也有可能指瓷器的翠色或青色。

五代至北宋早期，越窑青瓷进入了鼎盛时期。五代时期，中国各地陷入战乱，所幸处于吴越国统治下的浙江施行"保境安民"政策，吴越国的国王对北方的强大政权称臣纳贡，对外部的藩属国则代使起宗主国的权力，命其朝贡。得益于稳定的外部环境，越窑的青瓷产业不仅未受摧残，反而迸发出欣欣向荣的生命力。钱氏王朝大规模烧制秘色窑贡品，向后唐、后晋、后汉、辽与后周等北方强力政权纳贡，贡品数量甚至达数万之巨。尤其是钱弘俶当政之时，政治局面十分恶劣，因此"势益孤，始倾其国以事贡献"。钱氏王朝为了纳贡及贸易需要，不断扩大生产规模，现在在慈溪的上林湖、杜湖、上岙湖、古银锭湖周围，发现有唐朝窑址 81 处，五代至北宋窑址 153 处，这也印证了其扩大生产规模的推论。五代末至北宋早期，越窑青瓷的产品流行刻画民间喜好的吉祥图案纹饰，加之以金银包边镶扣，配上明净通透的青绿釉色，堪称越窑青瓷登峰造极之作，也将越窑的秘色窑在中国陶瓷史上留下璀璨的光辉。

唐宋之际的越窑青瓷除了在中国国内久负盛名，也获得了海外人士的青睐。作为当时对外贸易的拳头产品，越窑青瓷在韩半岛、日本与东南亚之间热销，甚至远销到了中东与北非地区。值得一提的是，韩半岛的青瓷产业在越窑青瓷的影响与熏陶下，制瓷工艺飞速发展，最终生产出了闻名遐迩的高丽青瓷，受到世人的赞叹，这在后文会加以笔墨。

4. 南宋时期

南宋时期，越窑青瓷开始走向衰亡。此时的越窑青瓷胎釉原料淘洗欠佳，杂质较多，制作不精，装饰花纹粗犷简朴，缺乏灵气，釉色普遍青中发灰或发黄，釉层浑浊，釉面发暗[5]。产品质量的显著下滑使其渐渐失去了市场，越窑青瓷也至此走向衰亡，淡出了人们的视野。但对于其衰亡的原因，学界众说纷纭，现取几个主要观点进行探讨。

①吴越国不再进行"贡瓷"的生产。吴越国纳土归宋之后，没有必要再进行纳贡秘色瓷的生产，高端瓷器生产需求大幅度下降，这就导致了行业规模的收缩。越窑贡瓷历史的结束与王安石变法后宫廷用瓷以及宫廷的采购制度有关，即由原来的到各地采购精品转为就近便宜采购，这样越窑的需求特别是来自高端的需求大量减少，导致其迅速衰落，这也与越窑的衰落时间相吻合[6]。

②工匠的流失，这一点和行业规模收缩有关。当时的越窑已经日薄西山，有能力有眼光的工匠会考虑良禽择木而栖。虽然鲜有记载，但考虑到同时期其他名窑甚至于朝鲜半岛青瓷工艺的迅速发展，这一点是否与越窑工匠的出走有关，仍有待商榷。

③北宋后期，国内众多名窑的兴起（北方的定窑、汝窑、钧窑及南方的龙泉窑、景德镇窑）抢占了越窑的市场。

④原料的不足。越窑青瓷的窑址区域内的优质瓷土的日益匮乏，基本丧失了能保证大规模生产所需要的原料供应的条件[7]。

⑤质量的下降。权奎山指出越窑青瓷制瓷工艺环节出现的问题表现在盲目转向刻、划花青瓷，放弃了自己的特色，刻、划花青瓷又质量平平，最终导致了它在激烈的市场竞争中败下阵来[8]。王佐才提出产品质量好坏是产品兴衰的原因，也是主要原因，越窑衰落是因为其本身落后于前代和其他窑口的产品[9]。

越窑青瓷的衰亡，很大程度上可能是几个因素共同作用的结果。从此，辉煌的越窑青瓷在历史长河中渐行渐远，淡出了人们的视野。

（二）高丽青瓷的兴起与衰退

高丽青瓷，指高丽王朝时期（918—1392）在朝鲜半岛生产的青瓷。其不仅在韩国陶瓷史上地位显著，而且在世界陶瓷史上也具有一席之地。高丽青瓷釉色青翠，如晶似玉，温婉细腻。如同宋代太平老人在《袖中锦》评价为"洛阳花、建州茶、高丽秘色……皆为天下第一"一样，高丽青瓷，实为朝鲜半岛瓷器史的巅峰之作。高丽青瓷的发展过程大致可以划分为四个阶段：一是高丽青瓷的初期；二是高丽青瓷发展时期；三是高丽青瓷鼎盛时期；四是最终的衰退期。

1.高丽青瓷诞生时期（公元9—10世纪）

10世纪前后的朝鲜半岛处于动荡时期。长期统治朝鲜半岛的新罗开始走向衰落，后百济开始与高丽争夺朝鲜半岛的霸主地位。高丽取胜后开始展开统一朝鲜半岛的进程。而直到935年，高丽攻打新罗、百济，完成朝鲜半岛统一大业前，半岛都处于混乱之中。而高丽统一之后，引进唐代的各项制度进行改革，最终社会趋于稳定，政治经济文化开始稳健发展。

朝鲜半岛的青瓷起步时间学界存在着数种说法。韩国学界主要流行三种观点：一是崔健根据中国晚唐与韩国统一新罗时期的社会工艺特点所提出的9世纪前期说[10]。二是崔淳雨在1978年的《高丽陶瓷编年》一文以1965年发掘的仁川景西洞绿青瓷密址的考古资料为基础，提出韩国青瓷是9世纪末10世纪初受中国北方青瓷制作技术影响而烧造的

观点 [11]。此外，1989 年，郑良谟依据日晕底碗的内底有无圆刻的特征进行分类，I 式为内底曲面的中国式日晕底碗，II 式为内底圆刻的韩国式日晕底碗，认为韩国青瓷的产生时期应是 9 世纪后期 [12]。三是尹龙二在《韩国青瓷的成立》中提出的 10 世纪后期，他认为芳山洞窑出土"甲戌"铭青瓷盘片中"甲戌"应为 974 年 [13]。中国学界存在两种观点：一是 9 世纪，晚唐越窑青瓷的技术传入朝鲜半岛后，高丽青瓷诞生。这与张保皋有着密切联系，一部分学者提出张保皋带着部分越窑工匠回国指导青瓷生产的观点。二是 10 世纪，部分学者认为高丽青瓷诞生于五代吴越国越窑技术的引进。

初期高丽青瓷的产品主要分为两种，优质的玉璧底青瓷与粗制的绿青瓷。韩半岛玉璧底青瓷的诞生深受中国浙江越窑青瓷的影响，因此这种青瓷的窑场遗址绝大部分分布在临近中国浙江省的韩国西海岸与南海岸，其主要代表有龙仁市二东面、瑞山市圣渊面、康津郡大口面与镇安郡圣寿面等地的窑场遗址。张保皋引进了中国青瓷制作技术，西海岸与南海岸的窑场大为受益。其中出名的康津郡因为毗邻张保皋的莞岛驻地，加上其资源丰富，交通便利，所以青瓷制作技术与窑场规模发展极为迅速。当时康津郡向大口面的龙云里、沙堂里、水洞里、七良面的三兴里一带扩张；全罗北道扶安郡保安面柳川里、镇西面一带的窑也发展成官窑形态的大规模窑场群。除了玉璧底青瓷外还有一种称为绿青瓷的粗制青瓷。绿青瓷胎土粗糙、釉呈褐绿色，且釉面凹凸不平。绿青瓷在康津郡与扶安郡的窑场均有生产，据分析可能是定位低端专供中下阶层人群使用的大众瓷器。

2. 高丽青瓷发展时期 (公元 11 世纪左右)

11 世纪前半期高丽为了抵抗契丹的侵略暴行，国家陷入了一个艰难的境地。但高丽同时与北宋开展了频繁的政治、经济、文化交流，其青瓷制作工艺也得到了长足的发展。在 11 世纪，朝鲜半岛的瓷器窑场已经有能力制造出烧成温度超过 1250℃ 的优质青瓷，并且受到陕西耀州窑与河北定窑的影响，开始在青瓷上面调绘阴刻纹、阳刻纹、堆花纹等各种纹样。进入 11 世纪中后期后，辽、宋、高丽和睦相处，文化交流也愈加频繁，高丽青瓷的发展进一步加快。当时的高丽青瓷胎土和釉质量稳定，釉呈半透明状，质地细腻，器型和装饰也有了一定的进步。

3. 高丽青瓷鼎盛时期 (公元 12—13 世纪)

公元 12 世纪后，高丽青瓷进入了鼎盛时期。青瓷产品除了胎土、釉色的品质日益提高外，造型与纹样也加入了自身的民族风格。其纹饰从原盛行的菊花唐草纹逐步过渡到极具高丽特色的云鹤纹、宝相纹、莲瓣纹等纹饰[14]。当时象征性的青瓷产品有"翡色青瓷"和"镶嵌青瓷"两种。就翡色青瓷而言，釉薄色亮且轻透，可透过薄釉看到胎土上的纤细花纹，因其釉色和质感接近翡翠色而得名。当时的北宋汝、官窑青瓷也进入了鼎盛期，但北宋的士人们仍对高丽的翡色青瓷赞不绝口。徐兢曾在《宣和奉使高丽图经》中记载"陶器色之青者，丽人谓之翡色。近年以来制作工巧，色泽尤佳"……"狻猊出香，亦翡色也。上为蹲兽，下有仰莲以承之。诸器为此物最精绝"，并赞道"高丽技工至巧，其绝艺归公"。[15] 当时，镶嵌与阴刻、阳刻一并成为从属纹，工艺日益精湛，效果也愈发明显。按郑良谟的介绍，镶嵌法的具体操作为：在青瓷的胎土上刻阴纹，随后用赭土或白土填平，再施釉，最后烧制成的赭土变成黑色、白土呈白色。镶嵌法的技术难度并不大，但对工艺的要求非常高。12世纪中期，镶嵌青瓷迅速发展，镶嵌方法也日趋丰富，纹样从写实风格转向程式化与图案化。在纹样和造型方面，已从效仿的中国式转化成了朝鲜半岛特色的高丽式。现已发现的代表性的镶嵌青瓷文物有青瓷镶嵌云鹤纹梅瓶和韩国国立中央博物馆馆藏的各种青瓷器具。

4. 高丽青瓷衰退时期（13世纪中期以后）

蒙古的入侵致使朝鲜半岛又陷入了数十年的社会动荡。社会经济与文化的衰退无法给高丽青瓷的制造提供稳定的环境。产业链的损毁使得青瓷制作的原材料日益劣化，社会动荡使得青瓷的纹样造型设计也变得平庸混乱，这使得高丽青瓷进入了衰退期。高丽青瓷的精致曲线美越到后期越紊乱，瓷器的质地变得粗糙、造型变得笨重、纹样变得杂乱。镶嵌纹样日益减少，取而代之的是简单效率样板化的押花印花纹样。最终，曾经辉煌的高丽青瓷也彻底衰亡了。

二、中韩两国青瓷制作技术的传播与交流

（一）中韩两国交流的社会性因素

为了躲避战乱与饥荒，抑或为了谋求新的发展，百姓开始迁徙到新的地区。这种移民现象对文化交流大有裨益，也在一定程度上促进了手工业技术的传播。公元10世纪左右的朝鲜半岛分立为高丽、后百济、新罗三个国家，随后才进入统一新罗时期。三国之间大小战乱不断，不少朝鲜半岛的居民经海路或陆路流亡到了中国。"是岁（宪德王八年，

816年），新罗饥，其众一百七十人求食于浙东。"[16]北宋神宗元丰元年（1078），高丽崔举等人，因风导致船只出现故障，漂流到泉州地界，被泉州渔民救起，泉州地方官发给通行凭证和生活费用，并依照他们的意愿派人送他们到明州（今宁波）候船回国。在明州，这些漂流民得到了时任明州知州曾巩的热情款待。"臣寻为置酒食犒设，送在僧寺安泊，逐日给予食物，仍五日一次，别设酒食"。[17]虽然这些漂流民在中国所待时间较短，但不排除其中一部分在中国长期留居的可能性。

当时的中国正处在五代十国时期，五代十国时期结束后方进入赵宋一代。同样兵荒马乱，战争频繁。虽然越窑所处的浙江一带在吴越国的统治下，社会局面较为平稳，但仍有百姓出于各种原因，前往朝鲜半岛避难。高丽太祖二年（919）九月癸未，"吴越国文士酋彦规来投"。[18]太祖六年（923）六月癸巳，"吴越国文士朴岩来投"。[18]这类情况到了宋代仍时有发生。显宗三年（1012）三月壬申，"宋人王福、钱华、杨太、叶清、王弩、李太、林惜来投"[18]；六月庚戌"宋人叶居腆、林德、王皓来投"[18]。显宗四年（1013）正月庚戌，"宋闽人戴翼来投，授儒林郎守官令，赐衣物田庄"[18]。显宗六年（1015）闰六月甲辰，"宋泉州人欧阳徽来投，寻授右拾遗"。显宗十年（1019）十月甲午，"两浙忘难等六十人来"[18]。显宗十四年（1023）十一月丙申，"宋泉州人陈亿来投"[18]。在中朝两国之间奔走的中国商人里，也有少许留居朝鲜者。如高丽文宗九年（1055）九月辛未，"礼宾省奏：宋都纲黄忻状称，'臣携儿蒲安、世安来投，而有母年八十二在本国，悲恋不已，请遣还长男蒲安供养。'王曰：'越鸟巢南枝，况于人乎。'许之"。[18]

如上文可见，可能有些许中国的手工业匠人或因为逃难，或因为谋生，辗转到了朝鲜半岛，顺带将青瓷制作的手艺也传播了过去。而公元10世纪前后正是高丽青瓷的快速发展期，高丽的统治者非常乐意接受来投的文人将士或手工艺人，并赐予他们土地与生产资料。而又如徐兢的《宣和奉使高丽图经》所说："（高丽）不善蚕桑，其丝线织纴，皆仰贾人，自山东闽浙来，颇善织文罗、花绫、紧丝、锦罽。迩来北虏降卒工技甚众，故益奇巧，染色又胜于前日。"[19]也有部分匠人是混杂在俘虏中而进入高丽的，这也是身处高丽的中国手工艺者来源之一。他们的到来，一定程度上促进了高丽青瓷技术的发展。

（二）中韩两国商业活动对技术传播的促进

如同南宋陈旉《农书》卷中《牛说》所描述的那样："……农者天下之大本，衣食财用之所从出……"虽然中国历史上的大多数朝代都奉行重农抑商的大致政策，但出于税收、朝贡等经济政治方面的考虑，在特定情况下仍鼓励商人们进行海外贸易。

唐代也推行重农抑商政策，但在海外贸易这个问题上，政府不仅不加禁止，反而允许甚至鼓励商人去海外经商。同时，政府也保护、优待外国商人，并出台了相关法令。唐文宗在大和八年（834）下令："南海诸蕃舶，本以募化而来，故在结以人恩，使其感悦。如闻比年长吏，方多征求，怨嗟之声，达于殊域，况朕方勤俭，岂爱遐琛，深虑远人来安。率税犹重，思有矜恤，以示缓怀。其岭南、福建、扬州蕃客，宜委节度观察使，常加存问。除舶脚、收市、进奉外，任其往来流通，自为交易，不得重加税率。"[20]政府的一系列降税利商法令，调动了海外贸易的积极性，进一步推动了中外贸易交流。唐代晚期废除了遣唐使，再加上中央政府的式微，民间贸易成为中国与朝鲜半岛交往的主流。而在东海、黄海流域活跃的代表势力，就是从事唐、新罗、日本贸易的明州商帮。

商人的核心诉求便是利益，而当政府开始对他们的商业行为进行明令限制时，某些利欲熏心的商人便会在守法还是逐利之间犹豫。二者间选择逐利的商人便开始铤而走险。宋神宗元丰二年（1079），朝廷规定"贾人入高丽，费及五千绪者，明州籍其名，岁责保结引发船，无引者如盗贩法"。[21] 这一条款限定当时的中国商人前往高丽经商前，必须有明州市舶司的相关证明。而哲宗时期的《元祐编敕》虽没有规定海商必须在杭、明、广三州市舶司办理相关手续，但仍强调"不请公据，而擅行或乘船自海道入界河及往新罗、登、莱州界者，徒二年，五百里编管"。[22] 由此可见，当时的商人前往高丽进行商业活动，必须前往杭、明、广三州办理市舶手续，否则将被问罪。但是这些条文对利欲熏心之徒而言形同虚设，陈高华先生在其《北宋时期前往高丽贸易的泉州舶商》中提出："从我们在第一部分所列举的十八起泉州海商看来，属于元丰八年以前的占了十五起，说明北宋政府的禁令不过是一纸具文，并没有发生实际效力。"[23]

在朝鲜半岛，也有许多参与海上贸易的商人。在公元9世纪前后，中国沿海地区出现了以新罗商人为主的侨民聚居地——新罗坊。当时的使节、僧侣、商人经常会雇用新罗商船前往中国。唐朝为了接待众多的新罗商旅和侨民，在山东、江苏沿海地区设立了勾当新罗押衙所，并安排专门人员提供翻译服务。

商业活动盛行起来后，有资本有能力的大商人便开始寻求相关产品的核心技术，意图通过自行制造商品来谋求更大的利益。古代特别是唐宋时期，是商业活动最活跃的时代，也是技术传播最活跃的时代。在这种情况下，商业活动为技术的扩散提供了可能性。因为瓷器贸易有着高额利润，部分商人不惜为其铤而走险的商品中，有着瓷器的一席之地。当时的瓷器外销在中国对外贸易中有着相当重要的地位，其规模也是前所未有的。"舶船深阔各数十丈，商人分占贮货，人得数尺许，下以贮物，夜卧其上。货多陶器，大小相套，无少隙地。"[24] 如前所述，商人对利益的追求推动了技术的扩散，而自行制造瓷器并进行贸易可以回馈商人足够的利益。如此之下，对于当时热门的青瓷的仿制行为便开始盛行起来。对于朝鲜半岛来说，青瓷有着相当大的市场，自然引起当时进行海上贸易的大商人的关注。当然，也不排除是高丽统治者参与的可能性。他们都是有能力有动机参与这项事业的团体。

"清海大使弓福，姓张氏，一名保皋，入唐徐州为军中小将，后归国谒王，以卒万人镇清海。清海，今之莞岛。"[25] 张保皋的在华经历成了其日后开展中、朝、日三国海上贸易的基础。公元828年，张保皋归国后，在莞岛设立清海镇，管理周边的"海民"集团，以新罗清海、大唐明州、日本博多为枢纽，垄断了三国的民间海上贸易。张保皋所组建的庞大船队和贸易网络，广布于新罗、中国、日本之间。作为当时主要贸易商品之一的瓷器自然也在张保皋的贸易范围内，其据点莞岛青海镇出土了许多唐代上林湖越窑的青瓷。除此之外，还出土了大量青瓷器、陶器、板瓦等陶瓷器用品与建筑材料，说明当时陶瓷器在朝鲜半岛的生产生活中具有重要地位。对于陶瓷器的巨大市场需求，也加大了其对先进的制瓷技术的需求。以张保皋的商业势力与头脑，他自然会考虑引进越窑先进的制瓷技术来进行瓷器生产。而在据点附近的康津郡（康津郡被誉为"朝鲜半岛青瓷的起源地"），发掘出9—13世纪时期的窑址188个，且出土了大量样式、颜色甚至制法与唐末越窑青瓷几乎一样的青瓷碎片。

对于越窑制瓷技术传播至朝鲜半岛的方法，有很多可能性，一是朝鲜制瓷工匠前往越窑学习，二是邀请越窑制瓷工匠前往朝鲜半岛指导，第二种方式的可能性更大。从技术层面看，高丽青瓷的产生与发展，得益于对越窑青瓷制造技术的深度学习。少数几次前往越窑参观，达不到深度学习的要求。对于张保皋集团来说，则可以利用丰厚的待遇来吸引越窑贫苦的工匠移民至朝鲜半岛。而在唐末五代时期，江浙一带的吴越国与朝鲜半岛交往密切，朝鲜半岛在明州的越窑工匠眼里也并非是一个荒芜的化外之地。所以越窑工匠前往朝鲜半岛指导青瓷制作这一方式是存在可能性的。另外，统一新罗时代的朝鲜半岛，很多人没有姓氏，"王姓金，贵人姓朴，民无氏有名"[26]。甚至平民出身的张保皋本人，也是到唐朝后受影响才给自己取的张姓。韩人有名无姓的历史持续了相当长的一段时间，即便到了高丽显宗年间（1010—1031），地方的相当一部分当权者也没有姓[27]。但早期高丽青瓷中发现了许多刻有姓名的，例如"……淳化四年……崔吉会造""淳化三年……王公托造""淳化三年……沈邦口造""……辛未四月日防山沙器匠沈龙……"等[28]。介于淳化三、四年间（992、993）姓氏仍未在朝鲜半岛上普及，这些拥有姓氏的工匠，是否是越窑工匠或者其后人，仍有待研究。

（三）中韩两国青瓷技术传播航路的探究

如上所述，高丽青瓷的发展，离不开越窑青瓷技术的传入。而无论是商业贸易还是人员流动，经由海路交通是最便利且最经济的方式。得益于江浙地区发达的水运网络，当地的水运与造船技术得到了长足的发展，这也为之后的海外贸易提供了航运基础。南北朝时期，位于浙东地区的南朝与朝鲜半岛便有着频繁的交流。史载："其书籍有五经、子、史，又表疏并依中华之法（《旧唐书·东夷传》）。"刘宋时期何承天创制的《元嘉历》也被采用[29]。江南地区与百济的经济往来进一步加强。这一时期，江南地区的青瓷生产处于高峰时期，越窑出产的青瓷器经常输往百济，引起百济人的注意，这为晚唐五代时期百济大规模引进中国越窑青瓷技术奠定了基础[30]。而在晚唐五代时期，明州与朝鲜半岛张保皋的清海镇、日本的博多港同为东亚贸易圈中的三大国际贸易港。"明之为州，实越之东郊，观舆地图则僻在一隅，虽非都会，乃海道辐辏之地。故南则闽广，东则倭人，北则高丽，商舶往来，物货丰衍。"[31]从中可见当时明州港口之繁华。除了航运技术发达，港口条件优良这两个优势外，明州自身就是核心商品——越窑青瓷的货源地。种种优势为明州港的发展注入了强大的动力。综上所述，明州就是越窑青瓷技术传播的起点。

明州至朝鲜半岛的航线，据古籍研究及学界探讨，主要为由明州（今宁波）至高丽礼成江碧澜亭（今开城西海岸）航线。徐兢在其《宣和奉使高丽图经》中详细介绍了该航线的具体行程。首先由明州出发，到定海（今宁波市镇海区），过虎头山（今镇海区招宝山东北虎蹲山），向东行至昌国县沈家门（今舟山市普陀区沈家门）、普陀珞珈山（今属普陀区），自此出海，入白水洋、黄水洋、黑水洋（浙江沿海为白水洋，长江以北至淮河入海口为黄水洋，淮河入海口以东，山东半岛以东、以南洋面为黑水洋），至夹界山（小黑山岛）、排岛（珍岛东部）、黑岛（黑山岛），最后沿西海岸北上顺着礼成江达到开京（今开城）。通过这条航线从明州出发到达朝鲜半岛，即便以当时的条件来说，也仅需十余日。

经由这条航线，一众商旅们除了给朝鲜半岛带去大量优秀的越窑青瓷器具外，也将越窑青瓷的生产技艺传播到了朝鲜半岛。最终在高丽时期，朝鲜半岛的青瓷产业也在世界舞台中绽放出耀眼的光彩。

三、中韩两国青瓷交流的意义以及启示

中韩青瓷交流的历史是中韩两国数千年文化交流史上的一朵奇葩，中韩两国先民们用自己的智慧和汗水，通过交流、交融、创新，创造出了灿烂的青瓷文化，在世界陶瓷史上画下了浓墨重彩的一笔。

2013年中国国家主席习近平提出建设"一带一路"的伟大合作倡议。依靠中国与有关国家既有的双多边机制，借助既有的、行之有效的区域合作平台，"一带一路"旨在借用古代丝绸之路的历史符号，高举和平发展的旗帜，积极发展与沿线国家的经济合作伙伴关系，共同打造政治互信、经济融合、文化包容的利益共同体、命运共同体和责任共同体。作为古代海上丝绸之路上不可或缺的一环，韩国没有理由不同中国

一起参与到现代"一带一路"倡议建设之中，而中韩青瓷交流的历史就是两国产业技术友好交流合作最好的先例。

以古观今，中韩两国隔海相望，是一衣带水的好邻居。两国在文化传统上相通共融、在产业结构上互补性强，在产业技术领域，两国有着众多的相似性与互补性，合作前景十分广阔。进一步推进和深化中韩技术产业合作，明确两国开展技术产业合作的重点领域与战略方向，对于扩大两国经济合作的基础、优化两国经济合作的环境都具有重要的现实意义。中韩双方应当树立合作开发意识、制定共同发展战略、形成多元合作体系、实现市场机制融合、共同推进技术人才培养、联合攻关重点领域，同时充分认识到在合作开发过程中可能出现的各种问题、面对的各种情况，切实保证中韩产业技术合作的可操作性和可持续性，从而实现两国技术领域的"共赢"和共同的发展与繁荣。

参考文献

[1] 中国硅酸盐学会 . 中国陶瓷史 [M]. 北京：文物出版社，1982.

[2] 郭璐莎 . 越窑研究的回顾与展望 [A]. 地域文明，2014.

[3] 王利华，林士民 . 奉化白杜汉熹平四年墓清理简报 [A]. 浙江省文物考古所学刊 [C]. 北京：文物出版社，1981.

[4] 叶宏明 . 浙江青瓷文化研究 [A]. 陶瓷学报，2004（2）.

[5] 董忠耿 . 越窑青瓷的兴衰初探 [J]. 上海文博论丛，2012（2）.

[6] 郑建华 . 越窑贡瓷与相关问题 [A]. 纪念浙江省文物考古研究所建所二十周年论文集 [J]. 杭州：西泠印社出版社，1999.

[7] 徐定宝. 越窑青瓷衰落的主因 [J]. 复旦学报 (社会科学版), 2002(6).

[8] 权奎山. 试论越窑的衰落 [J]. 故宫博物院院刊, 2013(5).

[9] 王佐才. 亦论越窑的衰落和龙泉窑的兴起 [J]. 东南文化, 1996(2).

[10] 崔建. 韩国青瓷发生巧背景考察 [J]. 古文化, 1987(31).

[11] 崔淳雨. 高丽陶瓷编年 [A]. 世界陶瓷全集 18, 日本: 小学馆, 1978.

[12] 郑良谟. 高丽青瓷 [M]. 北京: 文物出版社, 2000.

[13] 尹龙二. 韩国青瓷巧成立 [A]. 美术史论坛 (15). 韩国美术研究所, 2002.

[14] 帅倩. 试析中国青瓷制瓷技艺影响下高丽青瓷的发展与传播 [J]. 文物保护与考古科学, 2017(4).

[15] 徐兢. 宣和奉使高丽图经卷二十三·杂俗二·土产 [M]. 北京: 中华书局, 1985.

[16] 欧阳修、宋祁. 新唐书卷二二〇·新罗 [M]. 北京: 中华书局, 1975.

[17] 曾巩. 曾巩集卷三十二·劄子——存恤外国人请著为令劄子 [M]. 北京: 中华书局, 1984.

[18] 郑麟耻. 高丽史·世家一·太祖一 [M]. 首尔大学奎章阁本.

[19] 徐兢. 宣和奉使高丽图经卷二十三·杂俗二·土产 [M]. 北京: 中华书局, 1985.

[20] 董诰. 全唐文卷七十五·文宗 [M]. 北京: 中华书局, 1988.

[21] 脱脱. 宋史卷一八六·食货下八·互市舶法 [M]. 北京: 中华书

局，1977.

[22] 苏轼.东坡全集卷五十八·奏议·乞禁商旅过外国状 [M]. 四库全书荟要·集部，长春：吉林出版集团，2005.

[23] 陈高华.北宋时期前往高丽贸易的泉州舶商 [J]. 海交史研究，1980(2).

[24] 朱彧.萍洲可谈卷二 [M]. 北京：中华书局，1985.

[25] 金富轼.三国史记卷第十·新罗本纪第十·兴德王 [M]. 汉城：乙酉文化社，1977.

[26] 欧阳修，宋祁.新唐书卷二二〇·新罗 [M]. 北京：中华书局，1975.

[27] 金允贞.高丽青瓷的制作背景和造型特征 [J]. 当代韩国，2009(2).

[28] 郑良谟.高丽青瓷 [M]. 北京：文物出版社，2000.

[29] 马端临.文献通考卷三百二十六 [M]. 四裔考三·百济 [A]. 北京：中华书局，1986

[30] 卢海鸣.六朝政权与韩半岛国家之间的交流 [A]. 东南大学学报，2000(2).

[31] 张津.(乾道)四明图经卷一·分野 [M]. 北京：中华书局，1990.

上海路名与上海海洋文化

陈晔

（上海海洋大学经济管理学院海洋文化研究中心）

摘要： 地名是地区文化演进的标识，区域环境的变化和人类群体的活动，往往被该地的地理命名所记录。地名是地域文化的载体，是社会发展的一面镜子，记录着人们的思想愿望和心理意识等文化内涵。上海因海而生、依海而兴、人海相依，与海洋有着不解之缘，上海路名颇具特色，已形成一系列包含"海"字的路名。总体而言，上海市区包含"海"字的路名主要集中在沿海郊区，市区相对较少，老的马路包含"海"字的较少，新建的道路有"海"字的较多，这从一个侧面反映了上海地区海洋文化的时空特征。

关键词： 上海；路名；海洋文化；时空特征

一、引言

海洋占地球表面积的71%，其中蕴含着丰富的资源，包括海洋生物资源、海水及化学资源、海洋石油天然气资源、海洋矿产资源、海洋能资源、海洋空间资源等 [1]。海洋生产的水产品约占世界水产品的85%。海水中含有丰富的海水化学资源，已发现的有80多种，可提取的有50多种。由海水运动产生的海洋动力资源，包括潮汐能、波浪能、海流能及海水因温差和盐差而引起的温差能与盐差能等。海洋拥有丰富的石油、煤、铁、海滨砂矿、多金属结核和富钴锰结壳等矿物资源。海洋与人类的生存息息相关，与国家兴衰紧密相连。海洋文化是指人类跟海洋发生关系后，形成的生产方式和生活方式，并在此基础上再形成的一些习惯、规范、意识、思想、理论和信仰，对海洋利用的方式不同，产生不同的海洋文化 [2]。

上海位于北纬30度23分至31度27分，东经120度52分至121度45分，地处太平洋西岸，亚洲大陆东部，长江三角洲东端，南北海岸线中点，北濒长江口，南临杭州湾，西部、西北部与江苏的苏州地区相接，西南部与浙江嘉兴地区接壤。上海沿海区域经历由海洋变陆地的过程，上海市区是最近两三千年由海上冲积平原逐步形成 [3]。据利玛窦记载，"上海"这个名称是因其位置靠海而得 [4]。与"上海"有关的别称有"海上""上洋"，都源于上海最早的县志明代弘治《上海志》，其对"上海"的解释为："上海县，称上洋、海上……其名上海者，地居海之上洋故也。" [5] 自古以来，上海就同海洋结下不解之缘。

地名是地区文化演进的标识，区域环境的变化和人类群体的活动，往往被该地的地理命名所记录 [6]。地名是一种社会现象，有着非常悠久的历史，在文字产生之前，地名早已出现。地名是地域文化的载体，是社会发展的一面镜子，记录着人们的思想愿望和心理意识等文化内涵[7]。同时，地名随着时间的推移而更迭，因而它也有着较强的时代性[8]。地名为社会科学领域提供许多有价值的研究素材和资料，促进人类文化的研究和发展，是语言学、地理学、历史学、民族学等学科共同开掘的"富矿"[9]。20世纪30年代，地理学家曾世英倡议创建"地名学"这一综合学科，经过他与许多学者长期的努力，地名学已基本形成完整的学科体系[10]。地名是历史的见证，不同的地名反映不同的历史特征[11]。地名作为一种地域的指代，语言信号，是人们意识的反映，先民从其长年生活的环境中提取出地名，正符合存在决定意识的规律[12]，反过来，地名也能体现当时当地居民的意识，反映其文化。

上海路名颇具特色，已经形成一系列包含"海"字的路名，这些与上海市的城市名称相呼应，展现着上海的海味、海色、海景和海韵。

二、上海路名之总况

上海北枕长江，南邻杭州湾，位于亚洲大陆东部，地处太平洋西岸，长江三角洲东端，南北水路交通的要冲，西部、西北部与苏州相连，西南部与嘉兴接壤。长江携带大量的泥沙在其河口三角洲沉积，使上海的陆地由西南向东北逐渐扩展，经历沧海变陆地的过程，市区部分由两三千年以来的海上冲积平原逐步形成[13]。

上海市区最早的道路建在今黄浦区南部的老城厢内。作为上海镇署、上海县的所在地，明弘治时已有康衢巷、梅家巷、新衙巷、薛巷、新路巷5条街巷。随着经济日趋繁荣，县城建设日益加强，街巷逐渐增多。明嘉靖时增至 10 条，清康熙时又增至 25 条，清嘉庆时增至 63 条。城内街巷纵横交错，城外沿黄浦江地带，也是道路交叉相连。上海还发展出"弄""里""湾""场"等道路的通名。

开埠后，上海市区道路发展相当迅速。清道光二十六年（1846）英租界修筑第一条马路——界路（今河南中路）。不久，英、法、美先后成立道路码头委员会，在各自的租界内竞相建造道路。19 世纪 50 年代，英租界当局在洋泾浜北首继续修筑黄浦滩路（今中山东一路）、领事馆路（今北京东路）、打绳路（今九江路）、海关路（今汉浜路）、布道路（今福州路）、派克弄（今南京东路）等，截至清同治四年（1865），由 26 条道路构成的英租界道路网初步形成。与此同时，法、美租界当局也分别在洋泾浜南侧和苏州河北岸虹口一带，各自修筑黄浦滩马路（今中山东二路）、公馆马路（今金陵东路）、文监师路（今塘沽路）、百老汇路（今东长治路）等道路。租界当局还以协助清廷镇压太平军为名，大肆越界筑路，英租界当局筑成徐家汇路（今华山路）、新闸路、极司非而路（今万航渡路）、麦根路（今淮安路）、静安寺路（今南京西路），法租界当局筑成徐家汇路（今徐家汇路、肇嘉浜路）等道路。至民国 14 年（1925），工部局越界筑忆定盘路（今江苏路）、北四川路（今四川北路）、劳勃生路（今长寿路）等 38 条界外道路。从清光绪二十六年（1900）至民国 3 年（1914），法公董局越界筑宝昌路（今淮海中路）、吕班路（今重庆南路）、圣母院路（今瑞金一路）等 24 条界外道路。为了抵制租界不断扩张的态势，华界也积极修筑道路。清光绪二十一年（1895）南市成立"南市马路工程总局"，筑成华界第一条近代马路——外马路（今中山南路）。紧接着闸北、吴淞等地区也成立类似机构，相继修筑道路。闸北地区，从清光绪二十六年（1900）至民国 16 年（1927）共筑路 70 多条。民国 20 年（1931 年）前后，上海市政府在新市区（江湾五角场北）筑路 20 多条。中华人民共和国成立初期，上海市区共有道路 930 条左右。

1949 年中华人民共和国成立以来，上海市区道路逐渐由市中心向郊区扩展。从 20 世纪 50 年代开始，在今长宁区中部和西部、徐汇区南部和西南部、普陀区西部和北部、静安区北部、虹口区北部、杨浦区西北部、浦东地区西部，修筑并命名约 600 条道路。从 20 世纪 80 年代至 90 年代，上海道路呈现两大新趋向：随着宝山区、嘉定区、闵行区和浦东新区的设置，市区道路由建成区向新建区扩展，而以浦东新区发展尤为迅速；伴随内环高架路、南北高架路的兴建，市区道路由地面向空中发展，上海市区现有道路 2000 多条 [14]（表 1-1）。

表 1-1　上海路名分类

上海路名	政区名命名	省地级类	以"路"为通名的 1452 条，以"街"为通名的 234 条，其他 90 多条
		县镇级类	
	地理实体名命名	山川类	其通名都为"路"
		人文景观类	其通名为"街""弄"，且绝大多数分布在黄浦区人民路、中华路的内侧和十六铺一带，即原上海县城厢和大、小东门外
	人文景观类	纪念型	以词组为名的道路，绝大多数都以"路"为通名，极少数为"街""弄"
		祈愿型	
		起讫型	

三、上海路名之变迁

最初时，上海地区路名的命名相当随便，伴随着城市化的不断深入，上海设立负责地名命名的专门机构，上海道路的命名进入规范化和系统化阶段。中华人民共和国成立以后，虽然各个方面出现翻天覆地的变化，但在路名上变化不大，仅在小范围内有些改动，该阶段上海路名的变化主要体现在新建道路的命名上。

最初，租界地区道路的取名十分随意，比如沿路有个花园，便称作"花园弄"，有个教堂就称为"教堂街"，有个界线，即称作"界路"等[15]。19世纪60年代初，英租界形成比较完整的道路系统，为了记忆的方便以及利于管理，自清同治元年（1862）后界内的路名趋向于以中国其他省份的省名和城市之名来命名。清同治四年（1865）英美租界当局严格规定，在原英租界内，南北向的道路以中国的省名命名，东西向的道路以中国主要城市的名称命名，对旧有的道路名称作相应的更改和调整，对一些道路进行新的命名。如在南北方向的道路中，将界路更名为河南路，将石路更名为福建路，将桥街更名为四川路。在东西方向的道路中，将花园弄更名为南京路，将领事馆路更名为北京路，将海关路更名为汉口路[15]。英美租界当局提出的以外地省市名称来命名道路的原则，虽然在应用范围上有一定局限，长期主要停留在黄浦江、苏州河、泥城浜（今西藏中路）和洋泾浜4条河流之间的范围内，但该原则毕竟为上海道路的命名提供一种重要的方法，在向大都市迈进的上海，城市规模不断扩大，市区道路大量增加，该原则没有被淘汰，反而发扬光大，从仅仅取用部分外地省市的名称扩大到取用全国各地的省、市、县镇以及山河湖峡等一些地理实体的名字 [15]。

中华人民共和国成立后，上海迎来新的历史发展时期，出现不少纪念型路名，最具有代表性的是淮海路。现在淮海路分为淮海东路、淮海中路和淮海西路。淮海东路在黄浦区境内，东起人民路，西至西藏南路，全长 373 米，宽 14.9～28.7 米，车行道宽 10.2～20.9 米。清光绪三十二年（1906）筑，因宁波人办的四明公所（俗称宁波会馆）设在此地，故名宁波路。民国 32 年（1943）改名为东泰山路。民国 34 年（1945）以曾任国民政府主席林森命名林森东路。1950 年为纪念淮海战役胜利改今名。淮海中路在市区中部，跨黄浦、徐汇、长宁 3 区。东起西藏南路，西至华山路，全长 5500 米，宽 16.5～30.7 米，车行道宽 10.4～20.1 米。清光绪二十七年（1901）法公董局越界筑路，名西江路。光绪三十二年（1906）以法公董局总董名改名宝昌路（Route Paul Brunat）。民国 4 年（1915）以法国元帅名改名霞飞路（Avenue Joffre）。民国 32 年（1943）改名泰山路。民国 34 年（1945）改名林森中路。1950 年为纪念淮海战役胜利改今名。淮海西路在市区西部，为徐汇、长宁两区界路。东起华山路，西至凯旋路。全长 1510 米，宽 21.0～27.2 米，车行道宽 14.0～19.0 米。民国 14 年（1925）法公董局越界辟筑，以原英国驻华公使名命名乔敦路（Jordan Road）。20 世纪 30 年代改名陆家路。民国 32 年（1943）改名庐山路，民国 34 年（1945）命名林森西路。1950 年为纪念淮海战役胜利改今名 [16]。

伴随城市化的发展，上海城区面积不断扩大，原先的郊区变成市区，也经历大规模的筑路，在道路命名方面形成一定特色，四周新建的地区以位于全国主位相同的省内地名为专名。如普陀区在市区的西部，则以西北陕西和甘肃省地名作路名，如宜川路、武威路等；杨浦区在市区的东北部，选用东北的辽宁和吉林的地名较多，如凤城路、鞍山路等；浦东新区在市区的东部，山东地名相对集中，如崂山东路、潍坊路等；徐汇区西部及闵行区在市区的西南部，则选用西南广西和云南地名，如桂林路、剑川路等[17]。浦东开发以来，上海又出现一些以外国人名命名的道路如：高斯路、牛顿路、居里路等，这些路名和一个世纪以前带有殖民色彩的洋路名完全不同，表达上海人民对科学的敬意和对科学家的尊重。

四、上海路名中的海洋文化

用"海"来命名这座国际化大都市的众多道路，立意高远，特色浓郁，体现当代时尚之美与原生态之美的和谐统一[18]（表1-2）。

表1-2　上海市区含"海"字的路名

路名	长度	年份	类型
青海路	北起南京西路，南至青海路105弄。长237米，宽12.4~12.5米，车行道宽8.3~8.5米	民国3年（1914）	政区名命名
威海路	在市区中部，跨黄浦、静安两区。东起黄陂北路，西至延安中路	民国2年（1913）	
海口路	南起浙江中路，北至湖北路。长125米，宽12.3~13.1米，车行道宽9.3~9.8米	清咸丰四年（1854）筑土路，光绪八年（1882）改筑	

路名	长度	年份	类型
海拉尔路	南起梧州路，北至物华路、高阳路口。长562米，宽10.6~14.0米，车行道宽8.6~9.0米	民国2—5年（1913—1916）填浜筑路	政区名命名
海南路	南起武进路，北至本路底。长142米，宽9.5米，车行道宽6.6米	清光绪三十年（1904）筑	
长海路	在杨浦区北部。东起中原路，西至国和路。长1228米，宽13.0米，车行道宽9.0米	民国20—22年（1931—1933年）筑，名府东外路、府西外路	
北海宁路	东起吴淞路，西至乍浦路。长170米，宽12.8米，车行道宽9.0米	清光绪三十年（1904）前填浜筑	
北海路	东起福建中路，西至西藏中路。长582米，宽9.0~20.1米，车行道宽6.1~17.0米	清光绪九年（1883）以跑马场跑道改筑	
宁海东路	东起山东南路，西至西藏南路。长757米，宽9.1~20.0米，车行道宽6.1~12.0米	清同治二年（1863）法租界当局越界筑路	
宁海西路	东起西藏南路，西至连云路。长690米，宽12.0~20.2米，车行道宽6.8~12.0米	清光绪十八年（1892年）法公董局越界筑路	
定海路	南起定海桥北塊，北至平凉路。长890米，宽6.0~15.1米，车行道宽5.8~14.9米	清宣统三年（1911）规划	
海门路	南段南起东大名路，北至昆明路；北段南起东余杭路，北至岳州路。长831米，宽9.0~21.0米，车行道宽11.0~12.1米	清光绪二十年（1894）筑	
海宁路	东起九龙路，西至甘肃路。长1884米，宽14.0~28.0米，车行道宽10.0~20.0米	清光绪二十八年（1902）始筑乍浦路至九龙路段，名鸭绿路	
海伦西路	东起邢家桥北路，西至东横浜路。长655米，宽6.1~15.0米，车行道宽5.1~11.0米	民国2年（1913）筑	

路名	长度	年份	类型
海伦路	东起周家嘴路，西至邢家桥北路。长1090米，宽13.0～13.5米，车行道宽8.5～9.5米	清光绪三十四年（1908）筑	政区名命名
海州路	在杨浦区南部。西起宁武路，东至贵阳路。长860米，宽15.0～16.0米，车行道宽9.8～10.0米	民国2年（1913）筑	
海安路	西起军工路，东至共青路。长688米，宽10.6～11.8米，车行道宽9.0米	民国26年（1937）筑	
海防路	东起西苏州路，西接余姚路。长1039米，宽6.0～18.8米，车行道宽3.5～10.0米	民国3年（1914）筑	
通海路	南起吴周铁路支线，北至剑川路。长679米，宽20.0米，车行道宽12.0米	1984年筑	
海山路	吴淞路—虬江支路东		
海江路	塘后路—同济路	1988年筑	
山海关路	东起新昌路，西至石门二路。长740米，宽9.2～12.7米，车行道宽6.1～8.7米	清光绪三十年（1904）筑	地理实体名命名
定海港路	贵阳路—黎平路		
海南西弄	东起海潮路，西至普育东路。长214米，宽4.4～7.7米，车行道宽3.8～5.7米。位于海潮寺南面而得名	民国12年（1923）筑	
海潮路	北起陆家浜路，南至瞿溪路。长548米，宽7.5～16.8米，车行道宽4.9～13.1米。以原海潮寺命名	民国12年（1923）筑	
晏海弄	河南南路—露香园路		
海昌路	长安路—天目中路	清末筑	
淮海中路	东起西藏南路，西至华山路。长5500米，宽16.5～30.7米，车行道宽10.4～20.1米	清光绪二十七年（1901）筑	词组命名
淮海东路	东起人民路，西至西藏南路。长373米，宽14.9～28.7米，车行道宽10.2～20.9米	清光绪三十二年（1906）筑	

路名	长度	年份	类型
淮海西路	东起华山路，西至凯旋路。长 1510 米，宽 21.0～27.2 米，车行道宽 14.0～19.0 米	民国 14 年（1925）法公董局越界辟筑	词组命名
洲海路	黄浦江边—长江边		
海兴北路	陆家嘴路—西杨家宅路	20 世纪初筑	
海兴后路	至善路—海兴北路	民国 19 年（1930）筑	
海兴路	东宁路—花园石桥路	民国 12 年（1923）筑	

资料来源：《上海地名志》编纂委员会 . 上海地名志 [M]. 上海社会科学院出版社，1998.

据不完全统计，目前，上海市以"海"开头的路名多达二三百个，分布在静安区、杨浦区、宝山区、金山区、嘉定区、黄浦区、青浦区、南汇区、虹口区、奉贤区、浦东新区、崇明区等十几个区，其中奉贤区"海"字头地名最多，有 27 个；浦东新区其次，有 21 个；宝山区位居第三，有 16 个 [19]（表 1-3）。

表 1-3　上海地区路名以"海"开头最多的三个区

所在区	数量	道路名称
奉贤	27	海鸥路、海乐路、海泉路、海浪路、海闸路、海思路、海湾路、海滨路、海光路、海华路、海庆路、海兴路、海振路、海中路、海淀路、海马路、海翔路、海衡路、海阔路、海工路、海旋路、海熙路、海丹路、海龙路、海航路、海尚路、海杰路
浦东新区	21	海鹏路、海趣路、海顺路、海松路、海纳路、海鸣路、海容路、海科路、海霞路、海桐路、海阳路、海春路、海天二路、海天三路、海天四路、海天五路、海天六路、海塘东路、海徐公路、海高公路、海高西路
宝山	16	海林路、海江路、海青路、海丰路、海军路、海星路、海莲路、海瑞路、海笛路、海皓路、海月路、海江一路、海江二路、海江三路、海江四路、海江五路

资料来源：伊鸣 . 上海以"海"字开头的地名多 [J]. 中国地名，2011(11)：31-31.

五、结论

上海因海而生、依海而兴、人海相依，与海洋有着不解之缘。上海路名的发展，较好地反映了上海这座国际化大都市所隐含的海洋文化。

老城厢地区是上海最早城市化的区域，元至元二十八年（1291），经元中央政府正式批准，分华亭东北五乡设上海县，隶松江府[20]，县治在上海镇[21]。除了海潮寺周边有海潮路外，该地区含有"海"字的路名相当少。路名反映该地区的社会人们状况，由此可以说明在近代之前，上海地区的居民虽然已经与海洋有了交集，但在文化上还是传统大陆文化为主导，海洋文化处于边缘。即使进入近代，伴随西方殖民者的入侵，以租界道路为代表的上海路名中开始出现包含"海"字的道路，虽然这些命名中带有"海"字，但还是主要以其他省、市、县的名称的方式间接进入，可知近代以来上海地区的海洋文化有所提升，但仍有较大增长空间。

中华人民共和国成立后，尤其是改革开放以来，上海城市进入高速发展时期，城市空间得到进一步拓展，上海郊区发展更加迅速。在路名方面，上海中心城区的道路中，包含"海"字的少，而沿海郊区包含"海"字的道路较多，该现象反映了上海海洋文化发展的空间特征和时间规律。除了沿海郊县毗邻大海，海洋意识高于市区外，道路修建的年代，也是重要因素。"海"的字源，也反映古代中国人对海洋的认识。东汉刘熙的《释名》对"海"的解释为："海，晦也，主承秽浊，其水黑如晦也。"曲折地表达海洋给古人视觉、心灵上带来的并非是完全愉悦的美感享受[22]。在中国古人眼里，大海是个神秘、遥远的地方，也是危险、可怕的地方。地处吴越地区的古代上海居民，虽然有涉海的活动，如捕鱼，沙船业也有一定发展，但从上海周边的地名，如"宁波""镇海""定海""海宁"等，仍能看出古代上海居民对海洋的畏惧。只有到现当代，伴随科技的发展，上海地区沿海居民对于海洋的认识才得到改变，所有新建的道路中，才会出现祈愿型的路名，如海庆路、海兴路等。

在沿海郊区中，金山区比较特殊，虽然金山也有较长的海岸线，但是金山地区的路名中包含"海"字的并不多，这与金山区曾经历过由陆地变海洋的过程有关。位于杭州湾的大金山三岛原本与大陆连接，该岛历史人文资源丰厚，西周周康王所筑的上海地区最早的城市康城城址就位于金山三岛，大金山岛上还有金山忠烈昭应庙、慈济院和寒穴泉等著名历史遗迹，该岛在宋朝淳熙与绍熙之交沦入海洋，经历从陆地变海洋的过程，现在的金山区就是以金山得名。鉴于这段地理变迁的历史，金山区包含"海"字的道路较少。

参考文献

[1] 朱晓东. 海洋资源概论 [M]. 北京：高等教育出版社，2005.

[2][3] 葛剑雄. 海洋与上海 [J]. 国家航海，2012(1).

[4] 利玛窦，金尼阁，何高济. 利玛窦中国札记，上 [M]. 北京：中华书局，1983：598.

[5] 熊月之. 上海通史·第1卷，导论 [M]. 上海人民出版社，

1999：2.

[6] 王彬，黄秀莲，司徒尚纪.广东地名语言文化空间结构及景观特征分析 [J]. 人文地理，2012(1)：39-44.

[7] 王东茜.汉语地名的文化特征 [D]. 华中师范大学，2006，2.

[8] 何彤慧，李禄胜.宁夏地名特征与地名文化 [J]. 宁夏社会科学，2003(4)：65-68.

[9] 陈晨，修春亮，陈伟，等.基于 GIS 的北京地名文化景观空间分布特征及其成因 [J]. 地理科学，2014，34(4)：420-429.

[10] 何彤慧，李禄胜.宁夏地名特征与地名文化 [J]. 宁夏社会科学，2003(4)：65-68.

[11] 褚亚平，尹钧科，孙冬虎.地名学基础教程.第 2 版 [M]. 测绘出版社，2009：13.

[12] 褚亚平，尹钧科，孙冬虎.地名学基础教程.第 2 版 [M]. 测绘出版社，2009：46.

[13] 葛剑雄.海洋与上海 [J]. 国家航海，2012(1)．

[14]《上海地名志》编纂委员会.上海地名志 [M]. 上海社会科学院出版社，1998：304.

[15] 郑祖安.近代上海城市地名研究（上）[J]. 史林，1987（1）：96-100.

[16]《上海地名志》编纂委员会.上海地名志 [M]. 上海社会科学院出版社，1998：403-404.

[17]《上海地名志》编纂委员会.上海地名志 [M]. 上海社会科学院

出版社, 1998: 305.

[18] 伊鸣. 上海以"海"字开头的地名多 [J]. 中国地名, 2011 (11): 31-31.

[19] 伊鸣. 上海以"海"字开头的地名多 [J]. 中国地名, 2011 (11): 31-31.

[20]《上海旧政权建置志》编纂委员会. 上海旧政权建置志 [M]. 上海社会科学院出版社, 2001: 2.

[21]《上海旧政权建置志》编纂委员会. 上海旧政权建置志 [M]. 上海社会科学院出版社, 2001: 8.

[22] 张淀. 古代海洋意识的文化内涵 [J]. 上海海事大学学报, 1999 (1): 95-101.

漂流与古代东亚人文交流

韩东

（南昌大学人文学院）

摘要： 古代东亚海域周边的中国、朝鲜、日本与琉球等国的异域漂流事件时有发生，并有很多的"漂流记"流传下来，这些"漂流记"使我们能够一探古代东亚各国人民交流的真实面貌。本文借助这些漂流资料，对古代东亚社会人文交流的面貌进行了探讨。

关键词： 漂流；古代东亚海域；人文交流

由于地理位置与洋流季风特征的缘故，古代东亚海域周边的中国、朝鲜、日本与琉球等国的渔民、商人与官员等发生异域漂流的事件不在少数。也正因为如此，目前学界才有很多的"漂流记"流传下来。这些漂流记的作者，有的是亲历漂流的当事者，如《漂海录》的作者崔溥，也有的是整理漂流资料与经历的编辑者，如《海外闻见录》的作者宋廷奎。得益于这些"一手"和"二手"的漂流资料，我们能够一探古代东亚各国人民交流的真实面貌。当然，在这些漂流记中，"笔谈"所占的内容比重都较大，这也构成其文体上的一大特征。下面我们将以崔溥的《漂海录》与崔斗灿的《乘槎录》，以及李益泰的《知瀛录》、宋廷奎的《海外闻见录》与郑运经的《耽罗闻见录》为例，对古代东亚社会人文交流的面貌进行探讨。

一、《漂海录》与《乘槎录》

崔溥（1454—1504），罗州人，号锦南。明成化二十三年（1487）以推刷敬差官赴任济州，翌年正月渡海奔父丧时，因遭遇风浪与同船42人漂流到中国浙江省台州府临海县。最初他们被当地官员误认为是倭寇，经各级官员审查验明正身后，先经陆路到杭州，再从杭州转水路到达北京，最后由陆路返回故国。《漂海录》即是崔溥记录自己这段经历的作品。在这部作品中，我们可以看到很多富有价值的笔谈对话。

崔溥的漂流经历非常离奇，也充满了惊险。如崔溥等人初到临海时，先是夜里被贼寇抢掠，其后当地官员又贪功将他们"诬陷"为倭寇。弘治元年（1488）正月十九日，崔溥一行被押送至桃渚所进行审问。而在这之前，崔溥与王碧等人进行了如下笔谈。

有姓名王碧者，写谓臣曰："昨日已报上司，倭船十四只犯边劫人，你果是倭乎？"臣曰："我非倭，乃朝鲜国文士也。"……又有一人写臣掌上曰："看你也不是歹人，只以言语不同，实同盲哑，诚可怜也。我告你一言，你其记之，善自处，慎勿轻与人信。自古倭贼屡犯我边境，故国家设备倭都指挥、备倭把总官以备之。若获倭，则皆先斩后闻。今尔初系舟处，辖狮子寨之地，守寨官污汝之倭，欲献馘图功，故先报云：'倭船十四只犯边劫人'。将领兵往捕汝斩汝之时，你辈先自舍舟，投入人多之里，故不得逞其谋矣。明日把总官来讯你辈，你其详辨之，少有违误，事在不测"云云。臣问其姓名，则曰："我所以言之者，爱汝也，危之也！"掉头而去。臣闻其言，毛发竖立，即语程保等。[1]

从他们的对话可知，由于浙江沿海屡屡遭受倭寇的侵扰，明朝政府特意在海防要地设置军兵防患。当时崔溥等人如若不提前下船，并加速穿山越岭到达人多的村寨，最终恐怕会被那些贪功的军兵斩杀。由于有了这些善良中国人的提醒，接下来崔溥等人在桃渚所军营中的问询便有了心理准备。

日夕，千户等官员七八人，置一大桌，环立桌边，引程保于前，问曰："你一起一十四只船，实否？"保对曰："否，但一只而已。"挥程保出，有引臣问曰："你众所驾原船几只？"臣曰："只一只耳。"问曰："我边上瞭见倭船一十四只，同泊昨处海洋。我因守寨官之报，已报于上司大人，你船十三只置之何地？"臣曰："我之到海岸时，有贵地人等乘船六只，同泊一海。若要究六船人，则我之船数可知矣。"问曰："你以倭人登劫此处，何也？"臣曰："我乃朝鲜人也。与倭语音有异，衣冠殊制，以此可辨。"问曰："倭之神于为盗者，或有变服似若朝鲜人者，安知你非其倭乎？"臣曰："观我行止举动，证我印牌、冠带、文书，则可辨情伪。"千户等即令臣拿印信等物来以质之。因问曰："你无乃以倭劫朝鲜人得此物乎？"臣曰："若少有疑我之心，姑令送我北京，与朝鲜通事员一话，情实立见。"[2]

千户刘华等人按照地方呈报的文书对崔溥进行了严格的审查，而崔溥则对于文书中的谎报一一进行了澄清。而崔溥最后那句呈送北京之言，无疑是从心理上彻底击垮了千户等人的防线。后来，陈华等人将问询内容如实上报，崔溥等人总算是洗清了"倭寇"的嫌疑。正月二十二日，把总刘泽让薛旻向崔溥传达修改"陈述"内容的要求，于是崔溥又与薛旻在桃渚所进行了笔谈。

薛旻立桌边，谓臣曰："此文字报上司，以达于皇帝，文宜简略，故我参删繁就简，令你改写，你勿疑也。"臣不肯写，曰："供词当以直文，虽繁何害也？且所删者，乃遇贼之事，却添一言曰：'军人衣服具有'云云。没我遇贼情实，抑何意欤？"薛旻密写示曰："今皇帝新即位，法令严肃，若见你前所供词，帝意必谓盗贼盛行，归罪边将领非细事也。为你计，当以生返本国为心，不宜好为生事也。"[3]

通过笔谈可知，把总刘泽希望崔溥删改掉供词中的贼寇信息，起初崔溥还据理力争，但在薛旻的再三要求下，崔溥后来也只能听从而修改了先前的供词。这样一来，边关将领既不会因治边不严而获罪，崔溥等人也不会因为节外生枝而再添麻烦。通过崔溥的这段遭遇，可以发现"倭寇"确实是明代的一大祸患，明代奉行海禁海防政策的原因也就在于此。除此之外，也可以发现明代海防将领存在"贪功"与"枉杀"的问题。

崔溥在经历最初的惊险之后，便受到中国方面的友好护送与接待，笔谈的内容也变得越来越多元化。比如，二月初八日崔溥在杭州与中国士人谈到《皇华集》的话题。

有一人来问曰："景泰年间，我国给事中官张宁奉使你国，做却金亭诗《皇华集》，你晓得否？"臣对曰："张给事到我国，著《皇华集》，其中题汉江楼诗'光摇青雀舫，影落白鸥洲。望远天凝尽，凌虚地欲浮'之句尤称籍。"其人喜形于色，又云："张给事致仕在家，家在嘉兴府之海盐县，距此百里。张公到此杭城，闻朝鲜文士漂海来，欲问朝鲜事，留待累日，前一日回去。"问其人姓名则乃王玠，系给事甥也。有自称陈梁者来言曰："区区曾与张宁靖之大人往你国回还。"臣曰："张公位至何官？缘何不仕在家？"陈曰："张公官至都给事，后任都御史，因无子不仕，四十二岁回家养病。"[4]

为处理朝鲜世祖诱杀女真毛怜卫都督佥事浪孛儿等人的事件，天顺四年（1460）明朝政府派礼科给事中张宁、锦衣卫都指挥使武忠出使朝鲜。张宁此行出色地完成了使命，其后因病归家30余年不再担任官职。张宁在朝期间与朝鲜官员展开了频繁唱和，在他回程之际，朝鲜朝廷就将其在朝鲜所作诗歌及与朝鲜臣工唱和诗歌刻为《皇华集》，即《庚辰皇华集》[5]。有意思的是，张宁本是浙江海盐人，当他得知有朝鲜人漂流到此的消息时，急忙赶到杭州欲一相见，但他等待多日都没有见到，最后张宁的外甥反而在杭州见到了崔溥一行。此后的二月十五日，崔溥在嘉兴又与驿丞何荣再次谈到《皇华集》。

驿丞何荣以诗三绝见遗，臣亦和之。荣另将菜馔、干鸡、八带鱼等物以赠，曰："我朝郎中祁顺、行人张谨曾使朝鲜，著《皇华集》，国人庚和，徐居正居首列也。其诗有曰：'明皇若问三韩事，文物衣冠上国同'。今见足下，诚千载一遇，蒙不弃，复承和诗，谨奉薄礼，少助舟中一膳，希目入幸甚。"臣曰："祁郎中文章清德，人所钦慕，今为甚么官职？张行人亦任什么职事？"荣曰："祁郎中见贬为贵州石阡府知府，今已卒矣；张行人被罪，今充锦衣卫之军。"因问曰："徐居正今为宁馨官职？"臣曰："为议政府左赞成。"荣曰："居正文章亦海东人物也。"[6]

成化十一年（1475），明宪宗因宣诏册立皇太子一事，派遣户部郎中祁顺、行人司左司副张谨出使朝鲜。此二人在朝一共逗留7日，这期间朝鲜文臣徐居正、金守温等人曾陪同游玩并进行诗文唱和。后来，祁顺、张谨与朝鲜臣工徐居正等人的唱和诗歌被刻印为《皇华集》，即《丙申皇华集》[7]。祁顺、张谨二人出使朝鲜期间颇有清廉的声名，但回国后官运不利以至被贬。在这次使行中，徐居正与祁顺、张谨的唱和诗歌最多，正因为如此，他的声名也远播中国。

又如，二月二十一日崔溥在杭州又与杨秀禄、顾壁进行了笔谈，其中有关朝鲜"佛寺"与"巫俗"问题的对话颇值得玩味。

杨秀禄、顾壁共来见臣。壁曰："我杭城西山八盘岭有古刹，名高丽寺，……即赵宋时高丽使来贡而建也。你国人越境尚且造寺，则其崇佛之意可知矣。"臣曰："此则高丽人所建也。今我朝鲜，辟异端，尊儒道，人皆以入孝出恭、忠君信友为职分事耳。若有髡首者，则并令充军。"壁曰："凡人不事佛则必祀神，然则你国事鬼神否？"臣曰："国人皆建祠堂，以祭祖祢，事其当事之鬼神，不尚淫祀。"[8]

高丽王朝时期，国王与臣民皆尊奉佛教，因而僧徒与寺庙数量都非常庞大。但朝鲜王朝建立以来，儒学逐渐被确立为国家的唯一正统思想，佛教则受到极大的排斥而走向衰落。随着儒家思想在社会各个方面的渗透，三国时期便流行于朝鲜半岛的"巫俗"思想也走向了没落，在主流文化中,"神堂"变成了"宗祠",而"祭神"也被"祭祖"所代替。从杨、顾二人与崔溥的对话中,便可以清楚地看到朝鲜社会的这种转变。当然,这种对话本身有着深刻的文化心理背景,如果追问崔溥回答时的文化心理,那么倒是可以用"华夷观"来解释。朝鲜王朝虽然不是汉族政权,儒学也不是发源于此,但朝鲜士人总是会不遗余力向世人证明,我们与中原文明没有区别。

再如,三月初八崔溥在鲁桥驿曾碰到乘船赴京的刘太监船队,此人一行吹打喧天,行为狂悖,引出了崔溥与松门卫千户傅荣的一场笔谈。

傅荣问诸臣曰:"贵处亦有此太监否?"臣曰:"我国内官只入宫中洒扫、传命之役,不任以官事。"荣曰:"太上皇帝信任宦官,故若此刑余人持重权为近侍,文武官皆趋附之。"[9]

明朝皇帝对太监的宠信导致了太监的专横,刘太监以弹丸肆意乱射行人取乐,就足以说明这一问题。三月二十一日过沧州之时,崔溥看到运河中络绎不绝的官员船队产生了疑问,对此傅荣解释说都是受贬外放之人,而这又引出了他们之间的另一场笔谈。

臣曰:"朝臣贬秩者多,何以不斥宦寺之徒,使得意以行?"荣曰:"宦官见杀降贬者,亦不可胜计。今在河进京者,皆先帝所差,回则难保。前日相见太监罗公、聂公皆因回迟,贬作奉御之职。"[10]

这里可以明显感受到崔溥对宦官特权的愤怒,当然这也能说明前些日刘太监狂悖一事的影响至今还未消散。崔溥产生这种情感,其实与朝鲜王朝国内对宦官的态度有关。在朝鲜王朝时期,虽然也有不少宦官享有一品的品阶与俸禄，但是总体来说，在士大夫眼中，宦官与他们是完全不同的两个阶层，宦官只是国王的"家奴"，事实上，国王也不会将重要政务委于宦官，朝鲜王朝前期的情况尤其是这样[11]。所以，崔溥对明代士大夫的卑微与宦官的得势表现出疑问与不满。

崔斗灿（1779—1821），大邱人，字应七。清嘉庆二十二年（1817），因丈人赴任大静县监之时，崔斗灿随同一起前往济州岛。嘉庆二十三年（1818）四月初十日，崔斗灿一行50余人从济州岛别刀浦出发返回故土，途中遭遇风浪在海上漂流10余日，最后于四月二十六日到达浙江定海县。其后，在中国官员的护送下于七月到达北京，并于八月十六日启程回国。《乘槎录》即是崔斗灿记录这一段离奇经历的漂流记。《乘槎录》中记录有崔斗灿与中国地方士绅的笔谈对话，这里就其中一些有意义的话题进行一些整理。

如五月初四日，崔斗灿在定海官衙与杭州士人吴申浦进行了如下笔谈，吴申浦先就朝鲜的地理与礼教进行了询问，崔斗灿一一都做了回答。其后，他们的话题便变得颇有意思。

公仍作笔话曰："薄海内外，疆域虽殊；五行旺衰，理数则一。今仍足下文优品笃，系贵国畸士不才。不才熟悉天理阴阳干支生克，故请足下将出生年月日时明分写，以凭惟翼足下一生福禄，而中国之笔墨亦可达于贵国焉。"余书四星以呈，吴熟视之良久曰："详视此造生于乙亥六月二十三日未时，局内财资妙；日支坐卯，一生主信义宅心，行事通达。惟嫌四十岁前，一派火土，是使财气逾旺，来害正印，遂致有鹏图之志，未能展舒其才也。俟四十五岁，行换卯木为日干得禄，可以大抒经纬文章，二十年昌炽。惟六十六七行丑字金之库地，乙木花果，未许利焉，过此皆吉。"余曰："早事科第，命与仇谋，行年强壮，遂致漂泊，虽有吉星，作甚功名。家有二儿，敢问子宫之如何？"吴曰："卯运一行，不但子孙奋起家门，即本身更见利达。以前淹滞不振者，皆因土重来坏水印故也。"[12]

由于吴申浦对"四柱八字"颇有研究，这导致他在笔谈中竟然预测起了崔斗灿的运势。目前关于崔斗灿的个人生平资料很少，所以无法判断吴申浦的预测是否灵验。但是，这段笔谈的重要性并不在于预测的灵验与否，而是在于体现出了古代东亚各国人民对于增进彼此了解与交流的美好愿望。有意思的是，清乾隆二十八年（1785）朝鲜通信使行之时，日本的退甫道人也曾给朝鲜士人看相算命，笔谈集《韩客人相笔话》即是这次会面的产物。所以，东亚的人文交流是多元化的，有诗文唱和这样的文雅之交，也有算命看相这样的玩娱之乐。

又如六月初六日，崔斗灿与江南士子孙颢元等人展开笔谈，话题涉及服装与发饰的问题，意味深长。

孙颢元谓余曰："先生冠是何冠？"余曰："吾国谓宕巾也。"孙乞暂借，余许之。孙乃著之顾影徘徊，似有喜色而已。在座皆以次轮著，余锷独不肯。余手指红兜作笔语问曰："什么？"孙以书对曰："红帽。"余以笔句帽字，其旁特书兜字曰："非耶？"孙曰："是。"余手以循其发，孙曰："已喻。"余于屏处作笔话以示孙曰："今日不无新晴（亭）之感？"孙藏之袖，左右皆曰："什么？"孙乃贴于手中，左视邵纶，右视孙传曾，仍曰："此是时讳，慎勿出口。"……余问曰："西湖不可见耶？"曰："不可见。"余曰：

"何故？"左右皆无言，余笑曰："有立马之虑耶？"一座皆大笑。[13]

明清易代之后，中原士人的服装与发饰发生了很大的变化，最为典型的便是冠服的取消与剃头制度的推行，这也给奉行儒家文化的汉族士人带来无尽的困惑与苦恼。同时，在朝鲜士人眼中，外在服装与发饰的改变，往往代表着"以夷变夏"的结果。所以，在中朝士人的笔谈交流中，朝鲜士人总是喜欢一边"显摆"自己的中华文化传统，一边"挑逗"中原士人隐藏的玻璃心。当然，这种笔谈对话很犯忌讳，所以，可以看到面对崔斗灿"不怀好意"的诱导，孙颢元的表现倒是颇有城府。

二、《知瀛录》《海外闻见录》与《耽罗闻见录》

李益泰（1633—1704），字大裕，号冶溪。清康熙三十三年至三十五年（1694—1696），李益泰曾担任济州牧使，而《知瀛录》即是他记录自己赴任经历、处理各项事务与济州人文历史等内容的作品。同时，在《知瀛录》中还收录有不少"西洋人""倭人"与"清人"的漂流问答。

比如，康熙二十六年（1687）八月朝鲜济州镇抚金大璜与舵工李德仁等24人一行，在押送贡马北上途中遭遇风浪漂流至琉球。后来琉球政府与到此经商的中国商人陈乾、朱汉源，以及金大璜等人进行三方协商送还事项，最后陈乾等人同意以支付大米600包的代价搭载金大璜等人并将其送还故国。十二月十七日，金大璜、李德仁等人终于平安返回济州。当时，陈乾等人与前来询问情况的济州牧使李喜龙、判官尹以就、旌义县监票济进行了如下笔谈。

问："我国漂民赖尔等之救济，生还故国，在渠等恩莫大焉，于尔等义莫高焉，但无公文殊欠事体。唯此地方素无稻粱，只有菽粟朝夕供馈，不得称情，殊非待人之道，不胜愧叹。"答："我等为商，荷皇恩而贸易诸国人，载漂人为贾，乃非我等之敢擅恩义称焉。此皆我国家之恩典耳，但各国食物不同，所蒙给赐其感多矣。但我船人爱食大米，无奈贵地产少，伏祈大小均赐为幸。我等此极感贵盛矣。"问："漂人等载来之价，以米六百包结约云。大璜等在我邦之时，素甚贫匮，不能聊生。况此万死之余，只以赤拳末由，报得可虑千万。"答："我等往安南可称贫商，载漂人而为义举始初，想南风之令到此甚易，不料延误多苦日，久以致费用之大也，我等载漂人之心，岂不知漂人之苦。但船价辛劳，借贷银两等事，我等与漂人有同样之苦也。所以安南承约偿米之数，况米数而不能偿其银数乎？一路心愁，燃眉莫解。如李德仁、金大璜等能以朝鲜之米转换贵地海参鲍鱼，听贵地之价，而不知多寡。如能行之，我等回贯之事全也。如商等不贫，岂行好事而云其偿贷之言乎？此为彼我之苦，因有安南预先立契之言也。报得于本船者，我等均感德也。"[14]

一般来说，漂流到琉球的朝鲜漂民，基本上都是由琉球政府先行护送至中国福建或浙江，接着改由中国政府护送到北京，然后出山海关，过鸭绿江再返回朝鲜。可是金大璜等人的经历却非同寻常，他们选择支付中国商人大米的方式，通过私人护送的方式回到朝鲜。上面这段笔谈主要是双方围绕接待食物与护送报酬问题展开的。从中可以看到，当初金大璜等人为了回国曾向陈乾等人许以高昂报酬，朝鲜方面对此感到难以承受，有与之讨价还价之意。有意思的是，陈乾等人在面对朝鲜方面一再强调金大璜等人无力承担费用，并大力赞扬自己的伟大"义举"之时，他们也开始极力证明自己的贫困与当初是有约定在先，并提出了以朝鲜当地海鲜特产偿还报酬的方案。最后，朝鲜政府赐银2556两，并将陈乾等人转解北京。

又如，清康熙九年（1670）五月中国香澳岛商人沈三、郭什等65人前往日本长崎途中因风浪漂流到济州岛旌义县末等浦，并与当地官员展开了笔谈。沈三等人原本皆是广东、福建与浙江等省之人，清兵南下后他们潜入香澳岛凭海贸为生。沈三与朝鲜当地士人的笔谈中涉及台湾郑氏政权的内容，这对了解当时的政治与经贸活动非常有意义。

问："然则时方主管香澳者何人也？"答曰："香澳本是南蛮地也，蛮人甲必丹来主其地，后蛮人衰弱，若仅存三十余人。逃世明人，并入其地，自大樊国遣游去何贵者，主管纳税事云。"问："大樊国在于何处？而君临者何人也？"答曰："隆武帝登位四个月，有郑成功者，名将也，赐国姓，封镇国大将军与清争战。清兵数败，不幸天运将尽，国姓又死，其子锦舍继封仁德将军，逃入于大樊国，目今有数十万人马。大樊地则在福建海外，而地方千余里。"问："然则大明后裔无一人耶？"答曰："永历之君，时在贵州故蜀之地。"问："你等时方纳贡于大樊耶？"答曰："香山岛人行贩者皆受大樊国牌，故只纳船税无朝贡事。"问："你等中或剃头或有不剃头者，何人耶？"答曰："剃头者是出商之人，不剃头者守船之人也。何商者出入清界，故必剃头然后可以通行。不剃头者，守船供食，年不登岸。"[15]

这里的香澳岛，应该是指现在中国香港、中国澳门一带的岛屿。沿海省份的汉人们当年因逃避战乱而流落于此，后来为了生计他们便以香澳岛为据点，开展与中国沿海以及日本的海外贸易。有意思的是，他们向盘踞台湾的郑氏集团纳税寻求保护，同时，为了打开中国沿海市场，他们中的一些人也开始按照清廷的要求剃头，但不上岸参与经商之人，却仍然保持明代的习俗坚持不剃头。对于寄寓香澳岛的这些汉族商人来说，采取"剃头"与"不剃头"的双重策略，也许正是他们谋求实现"商业利益"与"民族大义"二者之间平衡的一种心理表现。

宋廷奎（1656—1710），字元卿，益山人。清康熙四十四年至四十五年（1704—1706），宋廷奎曾担任济州牧使，这期间他广泛收集济州本地的漂流文献资料，最后编订成《海外闻见录》一书。《海外闻见录》由两部分组成：第一部分是中国、日本与琉球等地的朝鲜人与外国人漂流记录；第二部分是崔溥《漂海录》内容节选。在第一部分中，中国人林寅观、顾如尚与朝鲜人金丽辉的海外漂流笔谈就非常值得关注。

比如，清康熙六年（1667）福建商人林寅观等95人乘船前往日本，途中遭遇风浪而漂流到济州岛大静县犹来浦。其后，林寅观与当地官员进行了如下笔谈。

问以中原消息，则答曰："天下版图，举归清朝，而惟永历君保有四省之地，时在广西，戢兵以待。"问："单弱如此，而可抗清朝邪？永历君才德如何？于崇祯为谁？将相之任国事者何人也？"答曰："永历即崇祯皇帝之孙也，昔西伯以百里而王天下，我永历君恢廓大度，中兴指日可待。将相则孙可荣、丁国公数人为辅，出将入相矣。"问："今天下已归清朝，而百姓安堵，则中原几尽削发否？"答曰："独四省之人，不曾削发，山东等地，亦有义士间出，而未闻其成事尔。"问："尔辈亦有削发者，何也？"曰："削发而后，可入清界，为其往来贸易也。" [16]

这里可以发现林寅观对清朝入主中原的不满，"反清复明"思想比较突出。所以，他在谈论有关永历帝的抗清事迹时，明显与当时的实际情况不符。清顺治五年（1648），清军攻入福建，隆武帝朱聿键被俘，后绝食而亡。顺治十八年（1661），清军攻入云南，永历帝朱由榔逃亡缅甸。其后吴三桂率清军进入缅甸，缅甸国王莽白将永历帝献于吴三桂。康熙元年（1662）六月，永历帝父子等人被杀于昆明。也就是说，林寅观与朝鲜人笔谈之时，永历帝早已被杀多年，此时只有占据台湾反清的郑氏政权还在坚持使用"永历"年号。正因为林寅观等人的这种反清意识，他们随后都被朝鲜方面押送至北京，其结局可想而知。从这段对话中也可以看到，在南明政权刚刚灭亡不久之际，汉人心中的"复明"意识仍然强烈。

又如，清康熙二年（1663）朝鲜人金丽辉等28人因风浪漂流到琉球，第二年才经日本返回故土。十一月，金丽辉与琉球人就罹难者的安葬问题进行了笔谈。

彼人书示小纸曰："尔国人四死者，输至前山，将埋之，以尔国礼乎？以吾国礼乎？"丽辉书于纸尾曰："远人等脱风涛万死之患，荷贵邦款遇之恩，碎首糜骨，报答无路，况此死者埋葬，尤出望外，德洽生死，感结幽明。两国葬礼，虽或不同，入乡循俗，古语有之，今日之事，唯命是从。"又书曰："尔等皆来见之。"

　　琉球人对于朝鲜罹难者的安葬问题十分谨慎，专门派人亲自询问安葬的礼节问题。对此，金丽辉在表达自己对琉球方面安葬罹难者感激之情的同时，也表示愿意遵循当地的习俗进行安葬。最后，琉球方面还邀请金丽辉等人到现场观看葬礼过程。漂流与海难的发生无疑是人生的一场巨大悲剧，但从琉球人对待朝鲜罹难者葬礼的态度中，我们仍然看到了东亚文化圈中的"人道主义"光辉。

　　清康熙三年（1664）四月，金丽辉到达日本萨摩州，他在与当地官员笔谈时，发生一些有意思的事情。

　　大夫官问曰："尔国所尊尚何事？"丽辉答曰："所尊孔子，所尚儒教。"曰："不知佛事乎？"答曰："山间或有寺刹，而有识之人，不为供佛之事矣。"大夫官勃然有怒色，挺时附耳语，令诡辞对之。大夫官复问曰："尔国则然矣，南蛮国天竺国尊佛乎？否乎？"答曰："南蛮，隔海万里，不可知也。天竺，西域也，释迦氏出于西域，宜其尊尚之也。"有解文僧在坐，见之，有喜色，顾与大夫官相语。李国云："尔等称以释迦氏，故大夫解怒矣。"……李国言："我父李连弘，本朝鲜人，居京城，我母晋州人也。丁酉之难，并被掳而来。我虽生于此地，实朝鲜人也。今见尔等，如逢故人。"[17]

　　朝鲜士人一贯以信奉儒家排斥佛教为豪，因而在与异国人的笔谈中，他们从来都不掩饰自己对异端思想的鄙视。事实上，在与中国、琉球、安南的士人们展开笔谈时，这种对话策略都产生了良好的效果，朝鲜作为礼仪之邦的形象得到认同与展现。但是，由于日本是一个信奉佛教的国家，保持这种对话模式势必会造成双方的尴尬，萨摩州当地官员最初与金丽辉对话时愤怒的原因就在于此。不过，这里有趣的是，在后来的笔谈对话中，金丽辉因为通官李国的提醒而改变语言策略，日本官员的态度又开始有所好转。通官李国虽然是土生土长的萨摩州人，但他的父母却是地道的朝鲜人，因为他的父母是当年倭乱时被掳掠到日本的。壬辰倭乱给朝鲜社会带来深重的民族灾难，在这场人间悲剧中，共有10万余名朝鲜人被侵略者掳掠到日本各地，而仅萨摩州一地就多达3万余名 [18]。这些被掳掠到日本的朝鲜人虽身在异国，但内心无不思念自己的国家，他们的子孙对朝鲜也有一种天然的情感，通官李国的情况便是如此。

郑运经（1699—1753），济州牧使郑必宁之子，曾于清雍正九年（1731）陪父前往济州岛任职。在岛生活期间，郑运经曾听闻不少济州居民往年漂流到异国的趣事，他还曾经亲自拜访过其中的一些漂流民。后来，郑运经将其中14位漂流民的经历集结整理成书，这便是目前我们所看到的《耽罗闻见录》。《耽罗闻见录》记述了清康熙二十六年至雍正八年（1687—1730）之间的济州岛居民异域漂流经历，其中还有漂流到台湾的宝贵记录。

比如，清雍正四年（1726）二月济州岛北浦民金日南等人漂流至琉球，后被琉球方面护送至中国。在福州停留期间，他们与当地士绅进行了笔谈。

在福州不禁出入，故遍游都市中。至一处，问曰："女子之裹其足，何也？"答曰："国之古俗也。"曰："今则新国，已改古时制度，何不解其裹？以便行步？"答曰："国虽新，而地则故国遗墟，不忍弃旧俗也。"或曰："故国子孙，或复创业，则胡人皆可以北去。而故国遗民，当复为之民也。今古俗之不改，所以表旧民也。"一日有一老人，从容问我国法制风俗衣冠，喟然曰："俺等祖先，亦如尔国之衣冠，以大帽团领角带，仕宦王朝。自清人之夺天下，俺等胡服，于今七十余年耳。"[19]

不难发现这又是中朝两国士人围绕"中华"问题所展开的一场对话，在金日南首先抛出了汉族妇女的"裹足"话题后，福州士人接下来的回答便非常值得玩味。他说"新国"虽已建立，但仍不忍弃"旧国"之习俗，况且有朝一日"旧国"若得以复兴，那么现在维持旧俗正好免得将来再次易俗。清朝入主中原后，在中原的汉族地区推行"易服剃发"制度，并且明确禁止女性缠足。但其结果是"男降女不服"，士大夫们倒是都剃头了，而女性裹足之风却愈演愈烈。汉族女性的"裹足"不仅仅是一种习俗的延续问题，已经成为对抗清朝统治的一种精神象征，它代表的是中国士人对"中华"的怀念与追慕。后面福州老人看到朝鲜服饰之后的感叹之语，亦可作如是观。

又如，清雍正七年（1729）八月朝鲜人尹道成等30人漂流到台湾彰化县，他们后来经福建到达北京。

官员一人来馆，所搜点船中行装。见马牌，怪而问之，盖雄义县监到任之后，上司马牌，在船中矣。因曰："尔何为而持此马牌者？"答曰："有官事故，持之耳。"又曰："马牌中何以用天启季号？"答曰："其时所铸耳。"其官员疑之，终不释然而去。……三月二十八日至北京，接入玉河馆。通事来曰："以马牌事，礼部将于尔等捧招，尔等慎之。若言语与台湾文报有差错，必查问于台湾，事将纷拏耳。"……侍郎者又问曰：

"即今尔国用何季号？"对曰："用雍正季号。"曰："雍正之前，用何季号？自何季用雍正年号？"曰："雍正之前，用康熙年号，癸卯季为始用雍正季号。"[20]

朝鲜人尹道成等人漂流到彰化县时，曾一度受到当地官员的审查。虽然当地官员对尹道成解释"马牌"中使用"天启"年号的缘由比较疑惑，但是最终并没有格外为难。但是翌年三月到达北京后，礼部对于此事却格外重视，幸好事前有通官提醒，尹道成等人最后才能通过严格的审查。

事实上，明清易代之后，朝鲜士大夫私人文书中使用明朝年号的情况不在少数，但朝鲜王朝官方文书都已改用清朝的年号。所以，这里"马牌"中出现明朝年号的情况，应该就是尹道成所解释的那样，马牌是在明亡之前所铸造的。

参考文献

[1] 葛振家. 崔溥《漂海录》评注，卷1[M]. 北京：线装书局，2002：59-60.

[2] 葛振家. 崔溥《漂海录》评注，卷1[M]. 北京：线装书局，2002：60.

[3] 葛振家. 崔溥《漂海录》评注，卷1[M]. 北京：线装书局，2002：67.

[4] 葛振家. 崔溥《漂海录》评注，卷2[M]. 北京：线装书局，2002：92.

[5] 杜慧月. 明代文臣出使朝鲜与皇华集 [M]. 北京：人民出版社，
  2010：304-308.

[6] 葛振家. 崔溥《漂海录》评注，卷 2[M]. 北京：线装书局，2002：
  103.

[7] 杜慧月. 明代文臣出使朝鲜与皇华集 [M]. 北京：人民出版社，
  2010：318-321.

[8] 葛振家. 崔溥《漂海录》评注，卷 2[M]. 北京：线装书局，2002：
  95-96.

[9] 葛振家. 崔溥《漂海录》评注，卷 2[M]. 北京：线装书局，2002：
  128.

[10] 葛振家. 崔溥《漂海录》评注，卷 2[M]. 北京：线装书局，2002：
  137.

[11] 张熙兴. 朝鲜时代宦官的选拔、待遇与任务 [J]. 历史民俗学，
  2004 第 18 辑：98-133.

[12] 崔斗灿. 乘槎录，卷 1[M]. 弘华文编：《燕行录全编》(第三
  辑·第 8 册)，广西师范大学出版社，2013：270-271.

[13] 崔斗灿. 乘槎录，卷 2[M]. 弘华文编：《燕行录全编》(第三
  辑·第 8 册)，广西师范大学出版社，2013：318-319.

[14] 李益泰. 知瀛录，[M]. 金益，译. 济州文化出版社，2006：182-
  184.

[15] 李益泰. 知瀛录，[M]. 金益，译. 济州文化出版社，2006：144-
  145.

[16] 宋廷奎 . 海外闻见录 [M]. 金荣泰，译 .Humanist，2015：198.

[17] 宋廷奎 . 海外闻见录 [M]. 金荣泰，译 .Humanist，2015：217-
218.

[18] 李埰衍 . 壬辰倭乱捕虏实记研究 [M]. 박이정，1995：34-35.

[19] 郑运经 . 耽罗闻见录 [M]. 郑珉，译 . Humanist，2008：240.

[20] 郑运经 . 耽罗闻见录 [M]. 郑珉，译 . Humanist，2008：236-
237.

中国现当代海洋文学发展史概论

范英梅　黄磊

（大连海洋大学　大连大学）

摘要： 20世纪以来，中国社会发生了巨大的变迁，中国人不断寻找救国强民之路。受社会变动和社会思潮影响，中国现当代海洋文学在继承古代海洋文学优秀传统的基础上，呈现出新的时代风貌，具有鲜明的时代色彩。无论从创作数量和质量，还是从创作题材和创作手法方面都取得了长足发展。

关键词： 中国；现当代；海洋文学

我国有漫长的海岸线，自古以来，人们就对广阔无垠、神秘莫测的海洋充满向往和憧憬。先秦时期，《庄子》多处写到大海宏伟壮观的气势，《山海经》记载了千奇百怪的海洋神话。之后的秦始皇、汉武帝、曹操，先后东临碣石，以观沧海，留下了著名的刻石、诗篇和历史传说，成为后世津津乐道的美谈。唐宋元明清历朝历代都有非常丰富的海洋文学作品。在这些作品里，我们可以看出古代作家对大海的逐渐认识过程和艺术思维的发展变化。正如柳和勇先生在《中国海洋文学历史发展简论》一文中所指出的，"先秦时期，中国写海之作已陆续问世，海洋文学初露端倪。两汉魏晋南北朝，独立而完整的海洋文学作品逐渐增多，艺术表现力迅速提高。唐宋时期，中国海洋文学已初现繁荣景象，全面反映中国日益发展的海洋活动，题材丰富，诗词的海洋艺术表现已十分完美，创造了许多影响深远的海洋审美意象。元明清时期参与海洋文学创作的人群迅速增多，渐趋民间化，作品数量激增，海洋叙事文学得到长足发展。受中国社会变动和社会思潮影响，中国现代海洋文学在继承古代海洋文学优秀传统的基础上，展现出崭新面貌"。学界对中国古代海洋文学史研究梳理较多，本文侧重于对中国现当代海洋文学史做一些梳理。

一、感时忧国的上下求索

近代中国社会发生了巨大的变迁，帝国主义的坚船利炮打开了清政府的大门，国家日渐衰微，找寻新的出路时，海洋文学的创作就有鲜明的感时忧国和睁眼看世界的色彩，例如，黄遵宪的《感事三首》，梁启超的《二十世纪太平洋歌》。

20世纪以来，中国人不断寻找救国强民之路。在此过程中，中西思想不断交流碰撞。受社会变动和社会思潮影响，中国现当代海洋文学在继承古代海洋文学优秀传统的基础上，又展现出新的面貌，具有鲜明的时代色彩。此时语言形式以白话文为主，表现手法也受到西方文学的影响，呈现出与中国古代海洋文学明显不同的审美艺术特点，具有强烈的现代审美气息，充分显示了中国海洋文学的新发展。

20世纪初期，以郭沫若、巴金、郑振铎等为代表的一批具有海外留学背景的作家创作了丰富的海洋文学作品，或展现国外海洋风情，或记叙留学途中的航海见闻，或表达对中国成为海洋强国的企盼等。1919年，郭沫若离开中国大陆，乘船前往日本留学。这个原居于内陆省份的四川诗人，被太平洋的雄奇景象给征服，以他特有的浪漫奔放的语言，用现代白话文将船上所见到的气势磅礴地描摹出来，创作了《立在地球边上放号》一诗。全诗富有极强的节奏韵律，将太平洋充满力量的壮阔美生动、传神地展现给我们。《浴海》中则描绘了一幅海上日出的壮观景象。宗白华的《海上》《月夜海上》《东海滨》《海上寄秀妹》，闻一多的《太平洋舟中见一明星》，冰心的《繁星》中的诗歌，中意于海上风光的描绘。汪静之的《海滨》则彩绘白日之下，闲适的海滨小景。孙大雨在《海上歌》用了西方十四行诗体，以强烈而急切亲近海洋的语气，表达"我要到海上去"的愿望。王独清《我爱海》《叫海》等诗以更强烈的口吻表了诗人对海的爱。郑振铎的《海燕》用细腻的笔触，托物言志，借身处异乡时看见小燕子表达了对祖国故乡的思念之情。郭沫若的《海上》、陆志韦的《航海归来》、周无的《过印度洋》等诗，都将游子的思乡之情刻画得入木三分。

值得关注的是，此时诗人的感时忧国情怀。郭沫若的《浴海》《黄海中的哀歌》真切表达了改造社会的强烈愿望。巴金以《海的梦》为篇名写过中篇小说和散文，表现热爱祖国海洋的情感，寄托了消灭丑恶、向往未来的美好愿望。1925年，闻一多自美国留学归来，看到中国沿海地区，被西方列强霸占，愤而创作《七子之歌》，以七个遗失的孩子比喻当时被西方强行租占的七个海难地区——澳门、香港岛、台湾、威海卫、广州湾、九龙岛、旅顺与大连。在诗中，诗人饱含深情地以走失的孩子的口吻，像祖国母亲发出"母亲！我要回来！母亲！"的呼喊。覃子豪早期海洋诗中的重要主题也表现了深切的爱国情怀。1933年，诗人来到烟台，看到外国殖民者在中国海滩上的作威作福，诗人痛心无比，写成《浴场》。抗战前夕，中国诗歌会的蒲风拿起笔杆，号召全民族统一起来抗战。1936年，抗日战争爆发前夕，他创作了《钢铁的海岸线》。1937年创作了《告别厦门》（《抗战二部曲》之一），因侵略战争蔓延，纵使有百般的不舍，诗人不得不告别厦门。《我的思念在大海东——献给台湾》共有三十多行，抒发了诗人对在日寇占领下的台湾的思念和渴望台湾回到祖国的心情。日寇不断加紧侵华，也加强对台湾同胞的压制和奴役。蒲风又满怀激情地写下了《飞鹰，飞向台湾去吧！》，呼唤台湾同胞行动起来，反抗日寇，早日回到祖国的怀抱。

此外，五四文化运动以后，中国文学告别了古典时代，进入现代。这个时期海洋文学另一个重要特点就是以"人"为本。冰心写下了许多以海为题的诗歌和散文，如《繁星》《往事》《说几句爱海的孩子气的话》等。她表示"我只希望我们都像海"，做个"海化"的青年，胸怀广阔，目光遥远。她的爱化作海洋文学中的一股暖流，温暖了一个世纪的人们。还有借海洋书写人生哲理和人生感悟的卞之琳，他写的《白螺壳》，借空灵、玲珑剔透、纯洁的白螺壳隐喻人生理想的种种美好世相。《航海》是他的另一首充满哲理意味的诗歌，通过一夜航行带来的时间差表现出时空的相对性。

二、砥砺奋进的百花齐放

中华人民共和国成立后，我国海洋文学的创作进入到一个崭新的时代，有描写海边生活、海洋战斗、现代海军、海员人生、海洋科幻与生态等的小说，体现出与我国对海洋的开发与认识的同步性。尤其是1954年，百花齐放、百家争鸣方针提出后，海洋文学作品也非常繁荣。

中华人民共和国拥有广阔的海洋领土，作家非常关注国家的海洋安全。有关海洋战斗的小说多成书于50年代到70年代，比较知名的有1955年李养正的《碧海红旗》、1959年陆俊超创作的《九级风暴》《幸福的港湾》，黎汝清1966年出版的中篇《海岛女民兵》，浩然的《西沙儿女》等。此外，郭小川的诗歌《茫茫大海中的一个小岛》、艾青的《大西洋》将海洋塑造成一个战场的形象等。李瑛1956年创作的《舟山群岛》等系列海洋诗歌，以优美的诗句赞美舟山群岛的礁滩、岛屿和舰船，表现了海防战士热爱祖国海疆的真挚情怀。诗人臧克家在青岛海滨写下了一组《海滨杂诗》。艾青在智利海滨写下《海带》《珠贝》《礁石》《在智利的海岬上——给巴勃罗·聂鲁达》等海洋诗歌。此外，蔡其矫与孙静轩在此时也创作了大量的海洋诗。杨朔的散文《雪浪花》讴歌了普通劳动大众的平凡、坚毅和伟大。

此时海洋文学还有一个不可忽视的重要作家就是我们伟大的领袖毛泽东主席。毛主席诗词继承了中国古代海洋文学浪漫的、充满想象的特点，与中国古代诗词一样，毛泽东诗词喜欢运用庄子鲲鹏展翅等意象。从小在长江边长大的毛泽东，一生酷爱游泳，喜欢与江海搏击，创作了很多具有开拓进取精神的作品，从而弥补了中国海洋文学过于浪漫，缺少现实拼搏精神的缺憾。1917 年他便写下了"自信人生二百年，会当击水三千里"的诗句。1954 年，61 岁的毛主席在畅游渤海后写下了著名的《浪淘沙·北戴河》。诗的主旨将曹操的"秋风萧瑟"升华为"萧瑟秋风今又是，换了人间"，让人们感受到了一种更为强烈的豪情壮志。中华人民共和国成立后，毛主席十分重视发展海洋事业和海军建设，其海洋战略具有深远的历史意义和现实意义。

值得一提的是陆俊超的创作，1956 年至 1966 年，短短十年，陆俊超先后出版了《国际友谊号》等一批小说，成为闻名中外的海洋作家。陆俊超是上海人，幼年侨居印尼、马来西亚、新加坡，历任水手、管理员、轮船驾驶员，1946 年回国后任上海工运局船长，1956 年开始发表作品。著有长篇小说《幸福的港湾》，短篇小说《姐妹船》《九级风暴》《国际友谊号》，小说选集《相逢在安特卫普》等，作品题材开阔，气势恢宏，描述朴实，是中华人民共和国培养的著名工人作家之一，我国海洋文学创作的佼佼者。陆俊超根据多年的远洋生活经历，写成中篇小说《九级风暴》，发表在 1959 年第 9 期的《人民文学》上，受到文坛的广泛关注。《九级风暴》以粗犷雄豪的笔触和惊险动人的情节热情歌颂了中国海员英勇无畏的爱国主义精神。

此外，浩然的《西沙儿女》在这一时期的文坛占有重要地位。小说分上、下两部，前者描写南海儿女同鬼子战斗保卫西沙，后者描写西沙军民共同打击南越海军，通过西沙海战中海南渔民的生活和光辉的战斗业绩，塑造了可歌可泣的保卫祖国海疆的英勇儿女。黎汝清的《海岛女民兵》则以民兵连长海霞讲故事的形式，叙述了她的苦难成长历程和60年代初东南沿海海岛上女民兵的成长，描写了这支队伍英勇无畏地同敌人斗争的战斗生活。王家斌的《聚鲸洋》同样热情洋溢地记述了建国初期船员们搞社会主义建设的豪情。雷加1956年出版的《海员朱宝庭》是较早描写海员的现代作品，这部传记小说讲述了革命年代朱宝庭的光荣事迹，真实感人。姜树茂的《渔岛怒潮》是"渔村三部曲"的第一部，它成书于1962年底，讲述了1947年春胶东解放区中龙王岛上的一场尖锐阶级斗争。三部曲的第二、三部《渔港之春》《常乐岛》（1991年出版）文学成就明显提高，描绘了在时代变革大潮中古老渔村悄然发生的一系变化，真实生动。

"文化大革命"时期海洋文学创作受到一些影响，但也产生了一些好作品。此时诞生的《海港》和《西沙之战》等少数海洋文学作品，虽然具有浓厚的政治色彩，但充满了爱国力量。张永枚的长篇诗报告《西沙之战》原载光明日报1974年3月15日，后经人民日报转发以及中央人民广播电台的配乐诗朗诵使此诗传遍于世。在当今国际形势下重读此诗时，有很多读者还会像当年那样感到心潮澎湃，热血沸腾。此外，食指写于1965年2月到1968年2月的《海洋三部曲》，如同预言一般讲述了"文化大革命"前后的思想变化和情感经历。诗歌记录了在特殊时代里的年轻人的理想追求、彷徨失落，但也恰恰反映出食指在时代海洋中进行了"海洋意象"的独特思考，并没有跟着大众的浪潮随波逐流，而是在生命体验中真切的反思，用生命来坚守理想和信念。

三、鲲鹏展翅的迷人蔚蓝

新时期以后的海洋文学，题材更为广泛，反映航海生活，表现海洋美景，记叙涉海事件，也有涉海科幻创作等。有的带有明显的反思生活的色彩，呈现出哲理意蕴，还有描写海洋生态等，受到社会的关注。

海洋小说创作成果颇丰，代表作有王蒙的《海的梦》、邓刚的《迷人的海》、峻青的《海啸》、陆俊超的《相会在安特卫普》、鄂华的《在黛色的波涛下》、郑秉谦的《碧海缘》、史振中的《远洋船长》、王家斌的《百年海狼》、张炜的《黑鲨洋》和《海边的雪》、关仁山的《白纸门》等。其中王蒙发表于 1980 年的小说《海的梦》，用理想主义的笔调塑造出了中国知识分子的时代形象。如果说王蒙笔下的海之子是痛苦后超脱的中国知识分子形象，那么邓刚笔下的海之子就是热血挣扎的劳动人民形象。邓刚的《迷人的海》标志着中国海洋文学创作取得了新的发展。该小说虽无曲折的故事情节，但让人们感受到了大海的美妙和迷人，敬仰于"海碰子"坚毅、博大的海洋精神。鄂华的长篇小说《在黛色的波涛下》描写了"二战"时美国在我国沿海击沉日本绿十字巨型救护运输船，1978 年终于揭开沉船之谜的故事。郑秉谦的长篇小说《碧海缘》描写舟山地区渔民在解放战争和土改时期同渔霸做斗争的故事。史振中 1992 年发表了《远洋船长》，主人公鲍风雪（读音暗合"暴风雪"）作为船长对航海事业有着深沉的热爱和不悔的追求，展示了一个航海家的"硬汉"形象。而在描写海员的作家中，宗良煜是不容忽视的，他在新时期海洋小说创作中占有重要地位，20 世纪 90 年代初创作的短篇小说集《蓝色的心》曾获文学奖"海燕奖"，全面刻画了20世纪80年代中国海员的风貌，深受广大海员喜爱。王家斌1996年问世的《百年海狼》在海内外产生很大影响，并为中国文学长廊"写出了一群我们从未见识过的海狼渔花子"。张炜的《黑鲨洋》和《海边的雪》以感人的艺术画面，通过描写人类同大海激烈搏斗的壮举，展现了我国劳动人民刚毅、顽强、勇于拼搏的和一往无前的精神气质，再现了时代滚滚向前的大潮，传达出社会主义新时期雄豪壮伟的气势。如果说邓刚的小说为我们提供了一组组鲜活的海景人家图画，那么关仁山的《白纸门》则生动讲述了发生在处于传统与现代变革交织的渤海湾小镇的故事。早在20世纪90年代初，关仁山即根据海边生活经验创造了"雪莲湾风情"系列小说，用笔保护人类圣洁情感，传达温情关爱。

诗歌创作也非常繁荣。1978年李瑛作为军旅作家到南海采访，被海天一色的景色与战士们保家卫国的豪情所感动，肩负着为民族代言的责任感，写下了《西沙群岛情思》等45首激情昂扬的抒情诗，进一步激发了国人的海防意识与爱国情怀，在当时产生了巨大反响。今日再读李瑛的诗作，寻觅南海之争的历史根源，更加确信了其深远的文化战略意义。在"文化大革命"结束前，海洋就已经是艾青惯常使用的素材，"文化大革命"结束后，他继续深化扩展这方面的创作，创作了《拣贝》《虎斑贝》《鱼化石》《盼望》《面向海洋》等多首哲理诗，将自己所感悟的人生哲理与海洋的品格结合一起，引人深思。1988年《曾卓抒情诗选》出版，里面有一篇题为《海的梦》，收纳了十多首以海为题的诗，显现了诗人对海的眷恋与深情。在"文化大革命"期间就钟情于海洋的诗人蔡其矫与孙静轩在"文化大革命"结束后，更是创作了大量的海洋诗。此外，牛汉的《海上蝴蝶》、鲁藜的《贝壳》、绿原的《我们走海》、流沙河的《贝壳》、昌耀的《划呀，划呀，父亲们！》《海的小品》《致石臼港海岸的从林带》等也都尝试过海洋诗的创作。老一辈的诗人他们的海洋诗延续了五四以来的海洋诗写作传统，通过将海洋浪漫化、抒情化，更多的是海洋哲理诗，以海洋来抒发关于人生或理想的某种远观与见解。

朦胧诗人也表现出对海洋的热情，创作了很多作品，舒婷、北岛、顾城、多多、江河、徐敬亚、杨炼等也创作了海洋题材的诗歌，朦胧诗歌使得海洋意象获得了新发展。新诗潮的弄潮儿北岛与舒婷等在他们的创作旅途中也表现出对海洋的热情。舒婷诗歌中海洋是一个常见主题与意象，《致大海》《双桅船》《大海组曲》《珠贝——大海的眼泪》都为大家耳熟能详。舒婷1973年创作了《致大海》。在《致大海》中，诗人把大海作为一面镜子来表现自己对社会人生的理解。大海是社会，是生活，是朋友，是诗人自己的心。作者对人生、对自然、对生活的感悟加上流畅的情感述说，使其达到了完美的艺术境界。海洋以及与海洋相关的如船、船票类的意象在同期的朦胧诗人北岛诗中也极为常见，如《岛》《红帆船》《船票》《港口的梦》《岸》等。此外，朦胧诗人多多（《北方的海》《看海》《过海》）、江河（《填海》《精卫填海的故事》）、徐敬亚（《夜，一个竹年在海滨》《既然》）等，也创作了海洋题材的诗歌。在朦胧诗人眼中，海洋是理想、未知世界的象征。与海洋相关的还有船、船票、帆等意象，都表现出一种飘忽不定的动荡感。朦胧诗歌使得海洋意象获得了新发展。朦胧诗中的海洋意象因诗人不同的表现手法而呈现出多样的艺术类型，也可以说是海洋给了诗人们不同的智慧启发和人生启迪。例如，江河的《帆》、顾城的《爱我吧，海》、北岛的《一束》《船票》、杨炼的《海边的孩子》《瞬间》等。

此外，20世纪70年代末，海洋诗歌创作呈现出强劲势头，浙江、福建、上海等地处东部海域的诗人取得的成绩尤为显著，评论界称之为"东海诗群"。此时的海洋诗歌作者更多，沿海各地都有涌现。浙江文艺出版社曾出版诗集《蔚蓝色视角》，收录浙江、福建和上海37位作者的263首海洋诗歌，海洋诗歌创作的普及性由此可见。20世纪80年代是海洋诗创作的高峰时段，也是海洋诗转型的重要时刻。诗坛上吹来一阵清新的海风。海军诗人李钢与邓刚一起，开启了中国当代海洋文学创作的新局面。曾服役于南海的李钢，对海洋有着非凡的热爱。在《李钢诗选》中名为《蓝水兵》的篇章中，诗人追逐着蓝水兵生活的踪迹，诗人对海洋的钟情与爱之心、水兵的自豪感融合在了一起，洋溢着蓬勃向上的气息。苏历铭的诗作《航海去》不仅仅表达了自己内心的澎湃，其实也代表着80年代青年们对未来开拓的决心和勇气。此外，海子1989年所写的一首抒情诗《面朝大海，春暖花开》表现了诗人对质朴、单纯而自由的人生境界的向往，对"永恒"、未知世界的探寻精神，抒发了诗人向往幸福而又孤独凄凉之情。海洋诗歌创作的题材越来越丰富，诗人刘功业2010年深入中国海洋石油行业整整一年，当一名普通职工，从浅海向深海，从黄海向蓝海，在渤海、东海、南海的海上油田深入生活，新近又出版诗集《对海当歌》，全景式地讴歌海油人，表现了高度的热情与激情。

散文方面也收获了很多优秀作品，例如，殷汝金的《海的味道》《威海的蓝》，素素的散文集《流光碎影》《旅顺口往事》，林宋瑜的散文集《蓝思想》，吴民民的散文集《蓝色的海》、佟成权的《海之殇》、复达的《海与岛的独白》、盛文强的《岛屿之书》、胡烟的《哭泣的半岛》和《鲸殇》等一系列作品，主题也涉及景物描写、故乡追忆、生态保护、历史沉思等丰富内涵。

随着海洋开发的深入，海洋文学创作的主题也越来越丰富。诗人刘功业在海上油田深入生活，创作了诗集《对海当歌》，全景式地讴歌海油人，表现了高度的热情与激情。于强创作了首部反映古代泉州海上丝绸之路长篇小说《丝路碧海情》，展现了彼时交融在海上丝绸之路中的丝情、海情、商情、爱情及友情，彰显出海上丝绸之路是交流合作共赢之路，也是文明之路。随着当代军事文学的发展，现代海军进入了越来越多当代作家的视野。郭富文一直关注海军，从事海洋、海军文学创作，先后出版了《血火海洋》等"海洋系列"作品，表现出对海洋、海军的极大热情。汪应果《百年海梦》描写了一百多年前清政府在甲午海战后重建海军之努力，以及中日争夺南中国诸岛展开的激烈战斗，勾勒了那个历史时期我国海军悲壮的成立、成长过程。此外，陆颖墨、王棵也都创作有优秀的海洋军事题材作品。2012年上半年，黄岩岛事件激发了中国人的保卫海洋领土的意识。诗人乐冰受触发，在中国诗歌流派网发表《南海，我的祖宗海》一诗，诗人以饱含深情的诗句，宣誓了中国在黄岩岛上的主权，南海是中国渔民的祖宗海。短短一个月就引起数万次的点击量，深刻地表明中国人的海洋领土意识正在不断觉醒。

随着海洋的过度开发，海洋生态也成为世界海洋文学创作的重要主题。谢湘南的《填海》、太阿的《赤潮来临》、非马的《猎小海豹图》、南野《灰色鲨鱼》、李越《巨鲸之死》、厉敏的《古航道》、江建的《秋天的海洋》、王彪的《莽海上的家族》、雪潇的《海啸》、昌耀的《海牛捕杀者》、来其的《闯海者》等作品都表现了对人与海和谐共处的呼唤。

此外，海洋科技的发展为海洋小说提供了丰富的创作题材。童恩正的小说《珊瑚岛上的死光》描写了海上激光武器战斗，演绎了正义的科学家与邪恶的利益集团斗争的故事。莫争的《入侵者》描写了惊险浩瀚的海上对战场面，从南极的拯救鲸鱼到东帝汶的荒岛求生，再到澳洲大堡礁的生死决战，反映出当代中国人渴望奔向大海的决心。韩松的《红色海洋》描写未来核战争毁灭了陆地的生态系统，残存的人类用基因工程把自己改造成如同鱼儿一样的水栖人的科幻故事。彭永成为儿童而创作的探险类海洋文学作品《小蒜头蔚蓝海洋历险记》则讲述了一家三口的现代家庭遭遇船难，流落到蛮荒孤岛，与猛兽、巨兽、食人族共同生活的一系列奇遇故事。

四、爱心守护的蓝色家园

最后，梳理一下中国海洋文学呈现的地域性发展特点。从我国海洋小说创作中比较出色的几位作家来看，海洋文学作家需要丰富的海洋体验。陆俊超出生于海员家庭，17岁到船上当水手，先后做过驾驶员、大副、船长等职务，一直从事航海事业，《九级风暴》即是作者以20世纪亲身经历的起义为素材完成的。姜树茂从20世纪50年代初就在海边工作，跟渔民兄弟结下了深厚的情谊。邓刚本身就是"海碰子"中的一员，才能描绘出多彩奇幻的海底世界。

海洋文学作家主要集中于沿海地区，多以地域集中出现，比如说上海的张士敏、张锦江、罗齐平等，泉州的蒋维新，舟山等地的作家群。尤其是江浙地区传统悠久。明清时期，江浙地区经济发达，文化底蕴深厚，孕育了大量优秀文人和文学作品。今天，浙江、上海、福建、山东等沿海省市，一批生于海岸长于海域的年轻诗人形成了诗群——东海诗群与群岛诗群。在东海之滨活跃着这群年轻人，从海洋的"蔚蓝色视角"审视着人生与宇宙。上文提及，20世纪70年代末，海洋诗歌创作呈现出强劲势头，浙江、福建、上海等地处东部海域的诗人取得的成绩尤为显著，评论界称之为"东海诗群"。今天，在浙江的舟山有一群年轻人厮守并热爱着他们的海洋家园，以诗歌为载体，用生命所有的激情行唱着爱情与劳动、感悟与思考，他们就是舟山群岛诗群。多年来群岛诗群一直来保持着较大创作规模，并定期举行研讨会，《群岛》诗刊至今已经发行了140多期，每期都围绕着他们所钟爱的家园——海洋。一些诗人如谷频、李越、厉敏等，如今已经小有名气，经常在新浪博客中发表海洋诗新作，坚守海洋诗的创作阵地。此外，浙江省岱山县已经举办了七届"岱山杯"全国海洋文学大赛，推动了海洋文学的创作。

广西海洋文学无论从创作，还是研究方面，也呈现出蒸蒸日上的发展态势。诗歌创作方面，有张化声的《北部湾渔歌》、黄允旗的《海水》《放歌北部湾》等。散文方面，有邓向农的《耘海》《海之病》、韦佐的《在有鱼居住的地方》、林宝的《永远的蔚蓝》、何津的《珍珠姑娘珍珠场》，廖德全的《远逝的珍珠城》等。小说方面，有徐汝钊的《南海捕鲨人》、谢凌洁的《鱼和船的对望》、容本镇的《古海角血祭》、李英敏的《椰风蕉雨》、杨松的《船家人》等。这些作品都很好地再现了广西海洋文学独具地域文化色彩。

南方之南的海洋文学也在蓬勃发展中，本地作家与移民作家，创作了《伤祭》《留守媳妇》《海岛往事》《闯海风暴》《海盗船》《槟榔醉红了》《逝水之南》《闯海风暴》《再见，大特区的太阳》等一批优秀作品，或描写下南洋的历史移民风潮，或描写闯海人的不屈精神，或以海洋为背景总结人的航海经验，展现了海南独特的地域优势和文化特色。

北方的山东作家群的海洋文学创作也非常繁荣。如宗良煜、王家斌、卢万成、张炜、姜树茂、王润滋、李杭育、刘玉堂等的小说创作，峻青、张岐、郭保林、殷汝金等山东作家和刘白羽、冰心、老舍等客居作家的散文创作，孔孚、孙静轩、纪宇、庄永春、东涯、刘饶民等的诗歌创作，共同组成了山东的"蓝色世界"。威海诗人东涯、兆艮、北野也都将诗歌的触角伸向了海洋，书写他们对海洋的独特见解。兆艮的《骑着蚂蚁看大海》《天上的海》两册诗集，以海为轴线，将他关于海的奇思妙想写得宏阔而灵动。李富胜主编了《最佳人居绿色威海丛书》之诗歌作品集、散文作品集。

东北辽宁大连的海洋文学创作较为繁荣。清代以来大连地区曾涌现出了一批赞颂桑梓、怀念旧园的诗歌，如乔有年的《旅顺怀古》等。20世纪80年代，"大海之子"邓刚发表了重塑"男子汉气概"的《迷人的海》，作品洋溢着积极向上的精神和超越痛苦的努力，在大海的波涛中，在历史的废墟上，高唱着知识分子的精神之歌，重塑自由、开拓、奋进的时代精神。《迷人的海》代表我国海洋小说进入了一个新的阶段。王蒙将1983年称作"中国文坛邓刚年"。直到《山狼海贼》中，邓刚更成熟，阳刚与忧郁之美交织，依然是描写敢爱敢恨、无所顾忌的社会最底层人民。此外，达理、徐铎、安端等大连作家基于这样的生活环境和文化氛围，创作出一批以海洋、渔业为题材对象的文学作品。新时期又涌现出"大连作家森林""大连作家协会海洋岛创作基地""大连海燕文学月刊社海洋岛培训基地"等众多民间创作团体，发展可谓日新月异、蒸蒸日上。大连之外，营口、丹东、锦州、盘锦、葫芦岛等沿海城市也创作了丰富的海洋文学作品。

此外，研究中国海洋文学不容忽视的是大陆以外的华人作家也创作了不少优秀作品。例如，於梨华的《又见棕榈，又见棕榈》、余光中的《乡愁》、黄春明的《看海的日子》、韩韩的《沧桑历尽——写我们的北海岸》和廖鸿基和夏曼·蓝波安的创作，等等。香港作家金庸也善于描写海洋，例如《射雕英雄传》中的桃花岛、《鹿鼎记》中的神龙岛等海上仙岛的描写，《倚天屠龙记》《鹿鼎记》等小说关于海上风暴的描写，《射雕英雄传》中通过人和鲨鱼相斗来呈现的海战，都充满了海洋意识。值得关注的是，台湾海洋文学的成就显著，陈思和等学者专门撰文进行研究。海洋作为台湾文学的主题之一，成为诗歌、小说、散文等多个文类的写作对象，覃子豪、郑愁予、汪启疆的海洋歌咏，王拓、东年、吕则之的海洋小说都为海洋文学的发展做出贡献。90年代以来，廖鸿基和夏曼·蓝波安的创作获得更多读者和研究的关注，海洋生态意识更突出表现在台湾文学中。

　　总之，我国现当代海洋文学创作非常繁荣，作品的深度和广度都在不断加强。在世界开发海洋的趋势下，发展海洋文学和传播海洋文学具有重要意义。我们期待更好的海洋文学作品诞生，并不断拓展海洋文学的传播路径，让中国海洋文学更好地走向世界，抒写中华民族的蔚蓝新篇章。

参考文献

[1] 岑琦，王彪.蔚蓝色视角——东海诗群诗选 [M].浙江文艺出版社，1992.

[2] 吴主助.海洋文学名作选读 [M].人民交通出版社，1992.

[3] 毛泽东.毛泽东诗词集 [M].中央文献出版社，1996.

[4] 曲金良.中国海洋文化史长编 [M].中国海洋大学出版社，2008.

[5] 杨国桢.瀛海方程：中国海洋发展理论和历史文化 [M].海洋出版社，2008.

[6] 段汉武，范谊丰.海洋文学研究文集 [M].海洋出版社版，2009.

[7] 张放.海洋文学简史——从内陆心态出发 [M].巴蜀书社，2015.

[8] 李松岳.观念更新与海洋文学创作 [J].宁波大学学报，2009(1).

[9] 柳和勇.中国海洋文学历史发展简论 [J].浙江海洋学院学报，2010(2).

[10] 赵树功.水与中国文学漫谈——水的审美与水边的爱情 [J].宁

波大学学报，第 22 卷第 2 期．

[11] 王立，吕堃．金庸武侠小说中海洋描写的文化内涵 [J]．大连理工大学学报 (社会科学版)，2004(1)．

[12] 颜一平．海洋精神和海洋文学——读朱学恕的《开拓海洋新境界》和《饮浪的人诗集》[J]．世界华文文学论坛，1990(0)．

[13] 来其．舟山海洋文学——历史与现实的考察 [J]．浙江海洋学院学报 (人文科学版)，第 21 卷第 4 期．

[14] 陈思和．试论年代台湾文学中的海洋题材创作 [J]．学术月刊，2000(11)．

[15] 朱双一．中国海洋文化视野中的台湾海洋文学 [J]．台湾研究集刊，2007(4)．

[16] 彭松．1950—70 年代社会主义文学中的海洋书写 [J]．海南师范大学学报，2017(2)．

[17] 邓波．当代广西海洋文学的审美特点及其价值 [J]．广西社会科学，2018(1)．

[18] 刘栋．论中国当代海洋散文的发展性与特质 [J]．集美大学学报，2018(3)．

[19] 张宗慧．试论我国现代海洋小说的创作与局限 [D]．济南：山东大学硕士论文，2010．

[20] 吴雪凤．"寻找在路上"：山东海洋文学母题研究 [D]．济南：山东大学硕士论文，2013．

[21] 盛晴．情、知、理：现当代海洋文学抒写及其形态 [D]．济南：

山东大学硕士论文，2017.

[22] 柴丽红. 论中国现当代海洋诗中的海洋意识 [D]. 济南：山东大学硕士论文，2013.

[23] 黄成钰 .90 年代以来台湾海洋散文研究 [D]. 福州：福建师范大学硕士论文，2014.

第二章　海洋信仰与民间习俗

从韩国高丽时代天台宗的建立看古代东亚文化交流

郭磊

（韩国东国大学佛教研究院）

摘要：义天是高丽王子出身，高丽中期的代表高僧。义天入宋的目的是为了收集佛教经论和章疏，同时拜访善知识求法，以及收集天台学文献准备创立高丽天台宗。义天返回高丽时携带了三千余部佛典，义天虽然只在宋朝待了一年两个月，但是他与华严、天台、禅宗等各个宗派的高僧都进行了交流。在杭州他跟随慈辩学习天台学讲论后，还与其他天台宗的僧侣进行了交流，同时参拜智者大师塔并发愿返回高丽后创立天台宗。虽然义天在他圆寂前几年才创立了高丽天台宗，但却构建了高丽天台宗发展的基础，至此可说义天入宋求法的目的基本上都已经完成。义天入宋求法而后创立高丽天台宗是韩国佛教史上的重要事件，是"中国佛教"的延续，是"中国佛教"在"海上丝绸之路"对周边国家的辐射和影响，而舟山群岛作为海上丝路的重要节点发挥着重要的作用。

关键词：东亚；高丽；义天；天台宗；东海

一、导言

佛教自印度传入中国后，在中国这片土壤里生根发芽形成了自己的特点。这种中国化的佛教也传入到周边的朝鲜半岛和日本，对其固有的文化和思想产生了重要的影响，可以说佛教交流在东亚文化交流中占有非常重要的比重。

中韩两国一衣带水，自古以来交流频繁，而佛教文化则是连接两国的重要纽带。佛教是中国传统文化的重要组成部分，在历史上发挥了重要的作用。这种"中国化"的佛教在传入朝鲜半岛之后，对其社会的方方面面产生了非常重要的影响，并融入其本土文化之中，深入到韩国人的 DNA 之中。东亚地区的佛教交流到了唐宋时期到达鼎盛，当时中国佛教的各种宗派及其思想、所依典籍等也随之传播到朝鲜半岛，这其中也包括天台宗。朝鲜时代的佛教学者李能和在其撰述的《朝鲜佛教通史》中写道：

神僧玄光，熊州人。往衡山，亲禀惠思大师，证法华三昧。高句丽释波若，入天台山，受智者教观，以神异闻，竟卒于天台之国清寺。新罗法融禅师，为荆溪之弟子，而传于理应，理应传于纯英。高丽僧谛观，持传台宗教籍于吴越。支那台宗，由是复兴矣。海东台宗，至于高丽大觉国师义天，始极光大。义天入宋求法，传得诸宗归国，后以松都之国清寺，为台宗本寺，大弘本宗旨义。①

可知朝鲜半岛自古以来就有很多求法僧渡海来学习，比如有百济玄光跟随南岳惠思大师学习，高句丽波若跟随天台智者大师学习，新罗法融是荆溪湛然大师的弟子，高丽谛观前往吴越传达天台教籍，大觉国师义天返回高丽创立了高丽天台宗并大力弘扬其宗旨。

本文首先考察了高丽时代天台宗的创立者义天的生平，然后对他入宋求法的时代背景、他渡海入宋时所使用的航海路线以及返回高丽创建天台宗的过程做了探讨。纵观中国佛教史可知，义天入宋求法而后创立高丽天台宗是韩国佛教史上的重要事件，是"中国佛教"的延续，是"中国佛教"在"一带一路"上对周边国家的辐射和影响。借古鉴今，考察这一时期东海海域上的佛教交流对于了解中国的软实力——佛教文化有着重要的意义。

二、高丽大觉国师义天的生平

大觉国师义天的相关传记有金富轼的《灵通寺大觉国师碑》和林存的《仙凤寺大觉国师碑》。根据以上碑文内容可知，义天出生于高丽文宗九年（1055）九月二十八日，是文宗和仁睿王后李氏的第四个孩子。他姓王名煦，字义天，谥号大觉国师。义天从小天资聪颖，因仰慕圣人，他在 11 岁向文宗表达出家的意愿，文宗于十九年（1065）五月十四日邀请景德国师到王宫来给王子削发，然后义天跟随景德到灵通寺修行。同年十月在佛日寺受具足戒，通读华严等大小乘经律论三藏和章疏，并博览儒书、史记诸子百家之说。景德国师圆寂后，义天负责给僧人们讲学，文宗二十一年（1067）七月下赐法号"佑世"，授予僧统职[②]。不过《仙凤寺大觉国师碑》中记为"文祖二十三年，赐号佑世，授职为僧统"[③]。参考其他资料可知，文宗二十一年是正确的。

　　当时义天与杭州的晋水净源法师有频繁的书信往来，所以可以及时了解到当时宋朝流行的佛学思想，净源希望他能入宋来学习佛法，④于是义天着手准备相关事宜。他于文宗二十七年（1073）呈上《代世子集教藏发愿疏》，但是被其父王拒绝。后来他的父亲文宗于三十七年（1083）七月西去，他的兄长显宗即位没有很久在同年十月也去世了。后来是他的仲兄宣宗即位，义天又呈上《代宣王诸宗教藏雕印疏》，但是依然没能通过，他又再次呈上《请入大宋求法表》，也还是没有得到应允。

　　于是义天在宣宗二年（1085）四月七日留给国王及太后书信之后，与弟子寿介等人经由贞州乘坐宋朝商人林宁的船入宋。⑤历经艰辛入宋之后，受到宋哲宗以及皇太后的热情招待，这可从《谢皇太后同前表》中得知。⑥入宋后，义天应皇帝之命在汴京启圣寺驻锡。义天入宋的目的是想亲近诸方善知识并收集各种典籍，于是上表请求寻访高僧大德。宋哲宗则让华严宗的有诚法师在别院与义天交流，义天与有诚展开了一场有关华严天台教判的幽妙之义问答。⑦义天在汴京待了一个多月，遍访京城名僧，根据史料可知有云门宗禅僧圆照宗本、西域三藏天吉祥等。通过与这些高僧的交流，让义天了解到当时北宋的流行禅风，并有机会对西域的情况有所了解。

　　以后为了和晋水净源法师见面，义天向哲宗呈上《乞就杭州源阇梨处学法表》，得到许可后，与朝散郎尚书主客员外郎杨杰一同前往杭州。义天在南下杭州的途中还拜访了润州金山寺的佛印了元禅师，得到了焚炉、袈裟、经帙等。

义天在杭州期间与诸宗的高僧们有很多的交流。⑧比如说，他与慈辩大师探讨天台教观，与灵芝寺元照律师探讨律学和净土。特别是义天从高丽带来的智俨的《孔目章》《华严搜玄记》《无性摄论疏》《起信论义记》，贤首的《华严探玄记》《起信论别记》《法界无差别论疏》《十二门论疏》《三宝诸章门》，澄观的《贞元新译华严经疏》，宗密的《华严纶贯》等著作，因为都是在宋朝之前的法难中失传后再次传入中原，所以让大宋的僧人们非常关心。

宣宗三年（1086）二月，宣宗向宋皇帝上表请求义天归国，于是义天返回京师。在回京的途中，他与净源在船上还讨论佛学。在途经杭州的路上，他前往秀州真如寺礼拜长水法师子璇的塔，⑨并到慧因院再次听讲华严大义，在讲义结束后，往天台山礼拜智者大师塔，并发愿"誓传教于东土"。⑩到明州往育王广利寺拜见云门宗大觉禅师怀琏，⑪最后在宣宗三年（1086）五月二十日随高丽朝贺使归国，回去后则上疏请罪，因为他并没有获得许可入宋，⑫不过他平安归来让国王和母后非常高兴，并没有追究他的责任，让他在奉恩寺居住，还举行了盛大的欢迎仪式。

义天归国后，宣宗命他做大兴王寺的住持，宣宗四年（1087）三月为了保存管理初雕大藏经而修建了大藏殿，为了雕刻续藏经板而设置了大藏都监。⑬义天从大宋带回了三千余部的典籍，他在入宋前就整理了《海东见行教乘目录》，因为他入宋的目的之一就是搜集佛教典籍。义天在宣宗七年（1090）编撰了《新编诸宗教藏总录》，在此以后根据这一目录印刷的经本被称作《高丽续藏经》，义天一直到他圆寂的二年前即肃宗四年（1099）还在负责目录的编撰。现存的《新编诸宗教藏总录》上卷收录有经561部2586卷，中卷有律142部467卷，下卷有论307部1687卷，共计1010部4740卷。

义天因为病患于宣宗十一年(1094)在海印寺隐居静养，当第15代肃宗即位后，应其邀请再次返回到兴王寺。绍圣四年（1097）国清寺完工后而担任初代住持，并在高丽创立了天台宗。⑭元符二年（1099）举行了第一回天台宗僧选，建中靖国元年（1101）十月五日因病而圆寂，享年47岁，法腊36岁。

义天的著述有《新编诸宗教藏总录》3卷、《新集圆宗文类》22卷、《释苑词林》250卷、《刊定成唯识论单科》3卷、《八师经直释》《消灾经直释》等10余部近300卷，但是大部分都散失了。现存仅有《新编诸宗教藏总录》3卷、《大觉国师文集》23卷及《大觉国师外集》13卷，《新集圆宗文类》《释苑词林》残编和《刊定成唯识论单科》的序文等。

三、义天与高丽天台宗之创立

（一）义天入宋求法

如前所述，义天曾数次上疏请求入宋求法。义天在他19岁时第一次呈上《代世子集教藏发愿疏》：

顾兹桑木（东方）之区，素仰干竺之化，虽经论而具矣，然疏钞以阙如。欲以于古于今，大辽大宋，凡有百家之科教，集为一藏以流通，俾夫佛日增光，邪纲解纽，重兴像法，普利国家，共沙界之群生，播金刚之善种，金学普贤之道，长游卢舍之乡。⑮

他入宋的目的是因为高丽大藏经所缺少的各种疏钞，为了收集辽宋的"百家之科教"，并将其汇集成大藏经而流通。这个疏文的上奏时间正是高丽大藏经初雕时期，[16]是在北宋开宝勅板本和契丹本[17]传入高丽后的事情。

义天入宋的第二个目的是为了寻访善知识并请法。义天在11岁时出家，通读华严等大小乘经律论三藏和各种章疏，并博览儒书、史记诸子百家。23岁开始宣讲华严学，被尊称为"法门有宗匠"。[18]即便是这么有学识的义天，还是想与中国的善知识见面并请教佛学，可知其对佛法的渴望。他与晋水净源法师有很多的书信往来，义天在《请入大宋求法表》《乞就杭州源阇梨处学法表》中提到了两人之间的书信交流：

> 但以道流寂尔，讲肆阒然，遂使真趣，屈于异端，玄言隐于浮伪，玩交味义，空恋于古贤，负笈横经，罕逢于善匠。若不问津于中国，固难抉膜于东方，窃惟圆光振锡已还，义想浮杯以降，清风绝后，高迹无追，臣是敢视险若夷，发愤忘食虚襟致想，引领俟时，于去年八月，得大宋两浙华严阇梨净源法师书一道。[19]

> 向者于故国偶得两浙净源讲主，开释贤首祖教文字，披而有感，阅以忘疲，乃坚慕义之心，遥叙为资之礼。[20]

义天对当时高丽华严学的状况持批判的态度。当时高丽佛教界的华严学是延续了新罗时代义湘的华严思想，已经流传了四百多年，但已经名存实亡，其法脉已经断绝。义天看到大宋的华严高僧净源对贤首思想的解读，心生敬仰，于是想入宋进一步参访善知识而求法。

带着这样的目的，义天入宋后参拜了许多的高僧并与之交谈学习。

义天入宋求法的开始是在宣宗二年（1085）四月七日，归国是在宣宗三年（1086）五月二十日，一共在宋停留了 14 个月。在这段时间里，义天参拜的宋高僧有五十余人，按照宗派整理如下：㉑

①华严宗：有诚、净源、希仲、道璘、普仁、净因、希俊、智生、道亨、善聪、慧清、颜显。

②天台宗：从谏、元净、中立、法邻、仁岳、可久、唯谨、辩真。

③律宗：择其、元照、冲羽等 5 人。

④法相宗：慧琳、善渊等。

⑤禅宗（云门宗）：宗本、了元、怀琏、慧圆、契嵩。

⑥宗派未详：希湛、守长、德懋、希辨、利涉、行端、守明、法圆等。

由上可知，当时宋代所盛行的宗派中，华严宗僧侣是最多的，而且那些宗派未详的八名僧人也有很大可能是华严宗的。义天主要与华严宗僧人交流与他本人是海东华严宗僧人有关。除了上述僧人，肯定还有很多没能记录下名字的僧人，他们可能都与义天有过交流。

（二）义天入宋的航海路线

"海上丝绸之路"是指古代中国与世界其他地区进行经济文化交流的海上通道的统称。学界一般将其划分为两条线路："南海丝路"与"东方海上丝路"。但人们在谈到海上丝绸之路时，多想到的是"南海丝路"，却很少提及"东海丝路"。实际上东方海上丝绸之路有着悠久的历史，重视东方海上丝绸之路文化研究，传承东方海上丝绸之路文化，应是"21 世纪海上丝绸之路"建设的重要内容之一。

　　汉代至隋唐时期，东方海上丝绸之路一直通畅。《三国志·魏书·东夷传》和《新唐书·地理志》还详细记载了古代中、韩、日海上航路的具体路线，即"登州海行入高丽渤海道"[㉒]。这条航线从山东半岛的登州（州治今烟台市蓬莱区）出海，经庙岛群岛，到辽东半岛后，再"循海岸水行"[㉓]，沿海岸线南下至朝鲜南部沿海，过日本对马岛，最后至日本九州。这样一条海上航路，就是以春秋时期齐国开辟的东方海上丝绸之路为基础的。汉代至唐朝初期，朝鲜半岛诸国、日本与中国的官方往来，包括朝贡贸易都是走的这条航线。这条航线大部分是沿海岸航行，比较安全。

　　从唐初开始，随着航海技术的提高，东方海上丝绸之路又增加了从山东半岛及江浙沿海一带横渡黄海直达朝鲜半岛南部或日本的航路。这条航线主要航行于渺茫无边的大海上，危险性较大。后来改为在明州（今宁波）登陆，然后转由大运河北上。

　　以后到了宋代，则有了南北两条航线。北线从山东莱州出发，横渡黄海，用两天可到朝鲜半岛西南海岸的瓮津，比唐代的高丽渤海道便捷。南线从明州出发至朝鲜西岸礼成江碧澜亭15天左右可到达。基于便利的海上交通，当时两国的往来交流非常频繁，据统计宋代高丽遣宋使57次，宋使往高丽30次。

　　而义天正是借助这种便利的海上丝绸之路，完成了入宋求法的壮举，并平安地返回高丽，继续其佛教事业的传播。

　　（三）义天创立高丽天台宗

　　义天返回高丽后，曾撰写了《至本国境上乞罪表》上呈给国王。义天在表中写道：

往者无贪性命，不惮艰危，涉万里之洪波，参百城之善友，备寻真教，全赖圣威，以至慈恩、贤首之宗，台岭、南山之旨，滥传炉拂，谬蕴箕裘，始同学步之人。

可知义天参访了法相宗、华严宗、天台宗、律宗等。《仙凤寺大觉国师碑》中引用了与义天一同求法的杨杰的话语，"自古圣贤越海求法者多矣，岂如僧统一来上国，所有天台、贤首、南山、慈恩、曹溪、西天梵学，一时传了，真弘法大菩萨之行者"。[24] 这种评价，可以说是对义天求法活动的认可。

义天返回高丽时带着三千余部典籍归来，根据这些经典，他编撰了《新编诸宗教藏总录》，并据此刊印了《高丽续藏经》。

义天入宋求法的目的之一与天台宗有关。《仙凤寺大觉国师碑》中写道：

尝一日同谒大后，偶语及之曰：天台三观，最上真乘，此土宗门未立，甚可惜也。臣窃有志。为大后深垂随喜，肃祖亦愿为外护。

可知义天对于创立天台宗的强烈意志。正是因为这种意志，义天在入宋后参访天台宗的高僧，并向他们请教，还跟随慈辩学习天台学讲论。特别是在从杭州返回京师的路上，专门去参拜了智者大师塔，并在《大宋天台塔下亲参发愿疏》中写道：

右某稽首归命，白于天台教主智者大师曰：尝闻大师以五时八教判释东流一代圣言，罄无不尽，而后世学佛者何莫由斯也。故吾祖华严疏注云，贤首五教大同天台。窃念本国昔有人师，厥名谛观，讲演大师教观，流通海外，传习或坠，今亦既无。某发愤忘身，寻师问道，今已钱塘慈辩大师讲下承禀教观，粗知大略。他日还乡，尽命弘扬，以报大师为物设教，劬劳之德。此其誓也。㉕

从这个发愿文可以看出义天决心开创天台宗的强烈意愿。返回高丽的义天忙于各种事宜，天台宗的创立是在肃宗二年（1097）国清寺竣工，他担任住持并展开天台教学而开始。

丁丑夏五月，住持国清寺，初讲天台教。是教旧已东渐而中废，师自问道于钱塘，立盟于佛陇，思有以振起之，未曾一日忘于心。仁睿太后闻而悦之，经始此寺，肃祖继之，以毕厥功。㉖

至此，佛教传入朝鲜半岛数百年后终于在高丽时代创立了天台宗。《仙凤寺大觉国师碑》有如下记录：

干统元年辛巳，大觉始举宏纲，抄学优者一百人，坐奉恩寺以宗经论一百二十卷，试取贤良四十余人，而与先国初，大行曹溪、华严、瑜伽轨范齐等，世谓之四大业也。

在肃宗六年（1101）义天制定了天台宗的"宏纲"，以天台学经论120卷分定僧科并选拔了40余人。从高丽初开始盛行的曹溪、华严、瑜伽宗加入了新的天台宗，并称为"四大业"。随着肃宗二年（1097）国清寺的完工天台宗被创立，到了肃宗六年（1101）正式施行僧科，天台宗僧团进入了正常的发展轨道，可谓名副其实。

但是原来是华严宗僧侣的义天为什么要创立天台宗呢？原因有很多，最主要的应该是义天想解决当时高丽佛教界所面临的问题。

义天在《讲圆觉经发辞》中写道：

学教之者，多弃内而外求，习禅之人，好忘缘而内照，并为偏执，俱滞二边，其犹争兔角之短长，斗空花之浓淡。㉗

义天针对教禅对立的情况予以批判，他在戒珠所撰述的《别传心法议》的跋文中写道：

甚矣古禅之与今禅，名实相辽也。古之所谓禅者，藉教习禅者也。今之所谓禅者，离教说禅者也。说禅者，执其名而遗其实。习禅者，因其诠而得其旨。救今人矫诈之弊，复古圣精醇之道。㉘

这里的"习禅"就是指天台学。实际上，高丽中期的禅教对立情况非常严重，王子出身、作为僧统的义天则是希望以他的出身和能力把两者统合。义天所凭据的是天台宗的"会三归一""一心三观"等教理，这可从他的文集中找到。《创国清寺启讲辞》中有如下记录：

缅惟海东佛法，七百余载，虽诸宗竞演，众教互陈，而天台一枝，明夷干代。昔者元晓菩萨，称美于前，谛观法师，传扬于后，争奈机缘未熟，光阐无由。教法流通，似将有待。伏遇我先妣，仁睿国母，累生奉法，积劫修因，经始精蓝，取国清之宏制，发扬妙法，移佛陇之高风，大愿未终。㉙

由上可知，义天把韩国天台学的法脉连接到新罗时代的元晓和谛观，认为"教法流通，似将有待"。文中还提到了仁睿太后，说她奉行"天台宗礼忏法"，对天台学非常关心。国清寺的建立也是因为太后发愿而起，但是太后在国清寺完工前去世了。义天本人也是在创立了天台宗的基础之后而圆寂，肃宗二年（1097）国清寺修建完成，肃宗六年（1101）制定纲领、实施僧科，从而奠定了高丽天台宗的基础，在这一年的十月五日义天因病而去。义天所创立的高丽天台宗一直延续到朝鲜世宗六年（1424），随着禅教两宗的统合而不复存在。[30]天台宗320多年的历史上出现了众多高僧大德。这是韩国佛教历史上的重要事件之一。

四、结语

2013年10月国家主席习近平提出的共建"21世纪海上丝绸之路"的重大倡议，已经得到国际社会的高度关注和积极回应。舟山群岛自古以来就是东海航线的重要节点，同时因其独特的地理位置在古代海上丝绸之路扮演着重要的角色，凸显了中国实力。

通过考察韩国古代高丽时期天台宗的成立过程，可以让我们了解到古代朝鲜半岛佛教思想的发展情况，从另一个侧面看到"中国佛教"在东亚地区的传播。佛教的传播没有地域的限制，其内涵随不同的风土人情有所变化，这正体现了佛教思想的圆融无碍。这种圆融和谐的传播过程，正是"中国佛教"在东亚的延伸和发展，突出体现了舟山群岛在海上丝绸之路起到的重要桥梁作用。

大觉国师义天是高丽中期的代表高僧，义天入宋有收集章疏、参访善知识求法以及为了创立天台宗而收集天台学文献三个方面的目的。义天返回高丽时携带了三千余部典籍，并综合日本、契丹等地流传的章疏编辑成《新编诸宗教藏总录》，并以此为基础雕刻完成了《高丽续藏经》。

义天虽然只在宋待了14个月，但是与华严宗、天台宗、禅宗等各界高僧进行了交流。他在杭州跟随慈辩学习天台学讲论后，还与其他天台宗的僧侣进行了交流，并在返回高丽前专门去参拜了智者大师塔并发愿返回高丽后创立天台宗。虽然创立天台宗之后没多久义天就圆寂了，但是高丽天台宗的发展基础已经具备。所以说他入宋求法的目的基本上都得到了完成。

义天的入宋求法正是中韩佛教交流史上的代表事件，因为义天只有借助当时便利的海上丝绸之路才能安全地完成入宋求法之壮举，并且平安地返回高丽继续其佛教事业的传播。这正是"中国佛教"在"一带一路"上对周边国家的辐射和影响。

注释

① ［朝鲜］李能和：《朝鲜佛教通史》，东国大学出版社 2010 年版，第 180 页。

② 金富轼：《灵通寺大觉国师碑》，《大觉国师外集》卷 12。

③ 林存：《仙凤寺大觉国师碑》，《大觉国师外集》卷 13。"师讳释煦，俗姓王氏，字义天。后以名犯哲宗讳以字行。我大祖大王四世孙，而文王第四子也。母仁睿大后李氏，夜梦，若有龙入怀而有身焉。至乙未秋九月二十八日，生于宫中。时有香气郁然，久而后歇。师少超悟，读书属辞，精敏若宿习，兄弟皆有贤行。而师杰然出锋颖。上一日谓诸子曰：孰能为僧，作福田利益乎？师起曰：臣有出世志，惟上所使。上曰：善！母后以前梦贵征，窃惜之而业已受，君命讵如之何。乙巳五月十四日，征景德国师于内殿剃发。上再拜之，许随师出居灵通寺。冬十月就佛日寺，戒坛受具。时春秋十一岁，而学问不息，已能成人。尝梦

人传澄观法师书，自是慧解日进，至年甫壮益自勤苦。早夜矻矻，务博览强记。而无常师，道之所存，则从而学之。自贤首教观及顿渐大小乘经律章疏，无不探索。又余力外学，见闻渊博。自仲尼老聃之书，子史集录百家之说，亦尝玩其菁华。而寻其根柢，故议论纵横驰骋，衮衮无津涯。虽老师宿德，皆自以为不及，声名流闻，时谓法门有宗匠矣。丁未七月乙酉，教书褒，为佑世僧统。"

④《大觉国师文集》卷10《上净源法师书》4首，卷11，5首，《大觉国师外集》卷3《大宋沙门净源书》5首收录。

⑤《高丽史》卷90，《列传》卷3，宗室《大觉国师煦》1条，"煦欲入宋求法，王不许，至宣宗时数请，宰臣谏官，极言不可，二年四月，煦潜与弟子二人，随宋商林宁船而去，王命御史魏继廷等分道乘船追之，不及。"

⑥《大觉国师文集》卷5。

⑦ 金富轼:《灵通寺大觉国师碑》，《大觉国师外集》卷12："明日表乞承师受业，优诏从之，遂见华严有诚法师，先此皇帝闻僧统之来，诏两街预选高才硕学堪为师范者，两街推荐诚师至是，僧统抠衣下风，欲行弟子之礼，诚师三辞而后受之。"

⑧ 朴浩:《日兴寺大觉大和尚墓志铭并序》。"既而历问六宗中铮铮者则净源、怀琏，择其慧琳、从谏第五十余人也。"金富轼:《高丽国五冠山大华严灵通寺赠谥大觉国师碑铭并序》。"始自密至京，以及吴越，往来凡十有四月，所至名山胜境，诸有圣迹，无不瞻礼，所遇高僧五十余人，亦皆咨问法要。"

⑨ 金富轼：《灵通寺大觉国师碑》。"以元祐元年后二月十三日，入京再见，淹五日朝辞，至秀州真如寺，见楞严疏主塔亭倾圮，慨然叹之，以金属寺僧修葺。"

⑩ 金富轼：《灵通寺大觉国师碑》，《大觉国师外集》卷12。

⑪ 林存：《仙凤寺大觉国师碑》。"及到明州，往育王广利寺，谒大觉禅师怀琏，仁宗尤重此老，以为福田。"

⑫ 《大觉国师文集》卷8，《至本国境上乞罪表》参见。

⑬ 《高丽史》卷10，《世家》卷8宣宗丁卯四年三月己未条。

⑭ 金富轼：《灵通寺大觉国师碑》，《大觉国师外集》卷12，"丁丑夏五月，住持国清寺，初讲天台教。是教旧已东渐而中废，师自问道于钱塘，立盟于佛陇，思有以振起之，未曾一日忘于心。仁睿太后闻而悦之，经始此寺，肃祖继之，以毕厥功。"

⑮ 《大觉国师文集》卷14，《代世子集教藏发愿疏（年19作）》

⑯ 李奎报：《东国李相国全集》卷25末尾所收《大藏刻板君臣祈告文》。"昔显宗二年契丹主大举兵来征，显祖南行避难，丹兵犹屯松岳城不退，于是乃与群臣发无上大愿，誓刻成大藏经版本，然后丹兵自退，然则大藏一也。先后雕镂一也，君臣同愿亦一也。何独于彼时丹兵自退，而今达但不尔耶，但在诸佛多天鉴之何如耳。"

⑰ 《高丽史》卷8，《世家》卷8文宗癸卯十七年（1063）八月条，"契丹送大藏经，王备法惊，迎于西郊。"

⑱ 金富轼：《灵通寺大觉国师碑》，《大觉国师外集》卷12："自贤首教观及顿渐大小乘经律论章疏，无不探索。又余力外学见闻渊博，自仲

尼老聃之书，子史集录百家之说，亦尝玩其菁华，而寻其根柢故，议论纵横驰骋，衮衮无津涯，虽老师宿德，皆自以为不及声名流闻，时谓法门有宗匠矣。"

⑲《大觉国师文集》卷5，《请入大宋求法表》。

⑳《大觉国师文集》卷6，《乞就杭州源阇梨处学法表》。

㉑ [韩]崔柄宪：《大觉国师义天之渡宋活动和高丽·宋的佛教交流》。

㉒《新唐书·地理志》，中华书局2000年版，第751页。

㉓《三国志·魏书·东夷传》，中华书局2000年版，第633页。

㉔ 林存:《仙凤寺大觉国师碑》，《大觉国师外集》卷13。

㉕《大宋天台塔下亲参发愿疏》，《大觉国师外集》卷14。

㉖ 金富轼:《灵通寺大觉国师碑》,《大觉国师外集》卷12。

㉗《讲圆觉经发辞》第二，《大觉国师外集》卷3。

㉘ [宋]戒珠，《别传心法议》，《卍续藏》57，53b-c。

㉙《创国清寺启讲辞》，《大觉国师外集》卷3。

㉚《李朝实录》世宗六年，四月条。

妈祖文化在东亚海上丝路传播之研究

严文志　孟建煌

（莆田学院文化与传播学院）

摘要： 妈祖信仰最初产生于"海上女神"崇拜，是我国历代政府唯一认可的一种民间信仰，拥有悠久的历史和广泛的信众。东亚受中国文化影响，民间传统节日的日期和风俗也基本和中国一样，同时又有很多具有本民族特色的节日。而妈祖诞辰纪念日农历三月二十三日则是最重要的大祭祀，可见妈祖文化信仰在东亚传播已久，惟东亚妈祖文化信仰相关之研究与两岸妈祖文化相关研究明显落后，爰笔者以东亚海上丝路为基础并配合"一带一路"论东亚妈祖文化传播，依妈祖文化、东亚妈祖文化传播、日本妈祖文化、琉球妈祖文化、结语等项次加以论述。

关键词： 妈祖文化；东亚海上丝路；"一带一路"；文化传播

妈祖信仰于 2009 年 10 月被联合国教科文组织列入人类非物质文化遗产代表作名录，妈祖又称天上圣母、天后、天后娘娘、天妃、天妃娘娘、湄洲娘妈等，是以中国东南沿海为中心，范围包括中国台湾和日本

（包含琉球）、韩国及东南亚社会的道教海神信仰。由福建湄洲传播到各地的妈祖信仰，历经千百年，对于东亚海洋文化及中国沿海文化产生重大的影响，并形成了一种文化。这种文化被学者们称为妈祖文化。

妈祖为当地人对女性祖先的尊称，妈祖信仰圈成为东亚海洋经济及社会结构形成的历史见证之一，妈祖信仰自福建传播到浙江、广东、台湾等地区，并向日本（包含琉球），东南亚如泰国、马来西亚、新加坡、越南等地传布，天津、上海、南京以及山东、辽宁沿海均有天后宫或妈祖庙分布。妈祖本名林默娘，自北宋开始神格化，并受人建庙膜拜，经宋高宗封为灵惠夫人，成为公家承认的神祇。近年来，妈祖在东亚海洋史的研究引出东亚在西方航海地理发现前已有的朝贡贸易、琉球网络及跨国移民史讨论。

2017年7月1—7日以"妈祖文化丝路精神人文交流"为主题的"妈祖下南洋·重走海丝路"暨中马、中新妈祖文化活动周将在马来西亚、新加坡举行。2017年9月23日—10月9日湄洲祖庙妈祖首次巡安台湾20周年并将再次巡安台湾。还有妈祖文化"走出去"服务"一带一路"[①]，实质性地透过海上丝绸之路展开妈祖文化交流[②]。

一、妈祖文化

严文志研究提出：妈祖为中国沿海各省居民主要信仰之一，在台湾妈祖与王爷更是民众最主要的两种信仰[③]。蔡相辉研究提出："有关妈祖是否有其人，自宋至今仍存有两种不同之看法，其一以妈祖为宋代兴化军莆田县湄洲屿林氏女，死后为人崇拜而成神，这一说法较大部分人所接受。再者则认为妈祖未必真有其人，所谓天妃、天后皆为水神之本号，如元末刘基于《台州路重建天妃庙碑》即云，太极散为万汇，惟天为最大，故其神谓之帝，地次于天，其祇后也，其次最大者莫如海，而水又为阴类，故海之神降于后，曰妃，而加以天，尊之也；又如柳贯于《敕赐天妃庙新祭器记》亦有海神之贵祀曰天妃，天妃有事于海者之司命也之说法；清人赵翼于所撰《陔余丛考》卷三十五天妃条即云，窃意神（妈祖）之功效如此，岂林氏一女子所能，盖水为阴类，其象维女，地媪配天则曰后，水阴次之则曰妃，天妃之名即谓水神之本号可，林氏女之说不必泥也，刘基等人有这些看法，乃因于各类文献记载之有关妈祖之传说，只有妈祖成神后的灵异事迹等，少见叙及妈祖生前的史事，虽偶有叙及多属涉玄渺"④。

严文志研究指出：现存宋、元两代记载有关妈祖之文献中，黄公度⑤所撰《题顺济庙诗》⑥为年代较早者，《咸淳临安志》⑦所录丁伯桂⑧《顺济圣妃庙记》为所述内容最详尽者。

蒋维锬研究提出："黄公度诗云，桔木肇灵沧海东，参差宫殿崒晴空；平生不厌混巫媪，已死犹能效国功，万户牲醪无水旱，四时歌舞走儿童；传闻利泽至今在，千里危樯一信风。黄公度（1109—1156），字师宪，乃宋代福建路兴化军莆田县人，宋高宗绍兴八年（1138）考上进士第一，历官考工员外郎，绍兴二十六年（1156）卒，享年48岁，著有《公度集》十一卷。黄公度《题顺济庙诗》中虽只有56字，却已叙明妈祖生前及死后事迹和当时百姓热烈崇祀之情况。年代仅次于黄公度者乃陈宓⑨所著《白湖顺济庙重建寝殿上梁文》云，昔称湘水神灵，独擅南方，今仰白湖香火，几半天下，祠宇殆周于甲子，规摹增焕于此时，妃正直聪明，福同于天道，周匝宏博，利泽覃于海隅，人人尽得所求，户户愿殚其力，不日遂成于邃宅，凌霄有类于仙居；用赫厥灵，以报有德，神岂厌旧，众惟图新，修梁既举于佳辰，善颂宜腾于众口，儿郎伟抛梁东，猎猎神旗照海红；但见舳舻来又去，密俾造化不言功；儿郎伟抛梁西，石室云岩晚照齐；肤寸便为千里润，农夫不复卜朝隮，儿郎伟抛梁南，地胜长魁鼎足三；海脚东来连地绕，壶巅直上与天参，儿郎伟抛梁北，塞上狼烟今永息；山行水宿绝偷攘，浙外淮濡来菽麦，儿郎伟抛梁上，十万人家环首向；风马云车自往来，锦衣琼佩相飘扬，儿郎伟抛梁下，斥卤弥漫开沃野；黄云收尽月华明，箫鼓声中浑福虾，伏愿上梁之后，神人安妥，年谷顺成，贾无风雨之灾，士有云龙之庆，春秋载祀，来千里之牲牢，亿万斯年，报九重之宠命"[⑩]。

妈祖姓林，名字不清楚，民间传说为出生时则不哭不闹，因此取名为默，别名默娘，"默娘"虽未载于正典，然历史考证确实有此人，出生约于宋太祖建隆元年（960年，或曰五代末年[⑪]）之福建路莆田县湄洲岛东螺村（宋太宗年间曾改为兴化军）[⑫]。

蔡相辉："妈祖本名林默娘，约略生于公元960年之间，少能言人祸害，亦懂医药，能生人福人，未曾以死与祸恐吓人，故莆田人皆愿与之往来，爱敬如母；卒后即有徒众朱默兄弟为之扬灵宣威，但因其生前所传教义宗旨未获政府认同，故莆田之士大夫纵使爱之敬之，但格于朝廷功令，对妈祖生前事迹，亦罕加记载，妈祖终生未嫁，亦无后裔，世寿约六七十岁，葬于莆田县之宁海，1086年宁海居民合力建庙崇祀，妈祖信仰从此开始播扬于世。"

南宋廖鹏飞于绍兴二十年（1150）所写的《圣墩祖庙重建顺济庙记》[13]，谓：世传通天神女也，姓林氏，湄洲屿人，初以巫祝为事，能预知人祸福……据此，妈祖生前是一个女巫，文中并提道：宣和五年（1123），给事中路允迪出使高丽，道东海，值风浪震荡，舳舻相冲者八，而覆溺者七，独公所乘舟，有女神登樯竿为旋舞状，俄获安济……船员说这是湄州女神显灵，于是路允迪返国后上奏朝廷请封，诏赐顺济庙额；

南宋·李丑父《灵惠妃庙记》：妃林氏，生于莆之海上湄洲；

南宋·李俊甫《莆阳比事》：湄洲神女林氏，生而灵异；

明·张燮《东西洋考》：天妃世居莆之湄洲屿，五代闽王林愿之第六女，母王氏妃，生于宋建隆元年（960）三月二十三日，始生而变紫，有祥光，异香，幼时有异能、通悟秘法，预谈休咎无不奇中，雍熙四年（987）二月十九日升化[14]；

明·严从简《殊域周咨录》：按天妃，莆田林氏都巡之季女，幼契玄机，预知祸福，宋元祐间遂有显应，立祠于州里[15]；

清·杨俊《湄州屿志略》：湄州在大海中，林氏林女，今号天妃者生于其上；

清·《长乐县志》：相传天后姓林，为莆田都巡简孚之女，生于五代之末，少而能知人祸福，室处三十载而卒，航海遇风祷之，累着灵验；

《莆田九牧林氏族谱》则记载妈祖是晋安郡王林禄的第二十二世孙女[16]。

宋代有关记述妈祖之文献，除黄公度、陈宓二文之外，尚有丁伯桂撰之《顺济圣妃庙记》，楼钥所撰《兴化军莆田县顺济庙灵惠昭应崇福善利夫人封灵惠妃制诰》，《宋会要辑稿》礼二十之张天师祠、神女祠、顺济庙等条，及李俊甫辑《莆阳比事》、神女护使条及刘克庄之《风亭新建妃庙记》、李丑父之《灵惠妃庙记》、洪迈之《夷坚志浮曦妃祠暨林夫人庙条》等，元代文献较重要者有黄四如之《圣墩顺济祖庙新建蕃厘殿记》、程端学之《灵济庙事迹记》、程端礼之《重修灵慈庙记》等。

上述诸文其中之丁伯桂庙记为早期研究妈祖信仰的珍贵文献，另还有李丑父《灵惠妃庙记》、丁伯桂《顺济圣妃庙记》、刘克庄《风亭新建妃庙记》、黄四如《圣墩顺济祖庙新建蕃厘殿记》等数篇属较为翔实之内容。

蔡相辉："综合宋代文献之记载，妈祖林默确有其人，如黄公度题顺济庙诗云生前不厌混巫媪"，又陈宓《白湖顺济庙重建寝殿上梁文》云"妃正直聪明"，再丁伯桂庙记谓"神甫阳湄洲林氏女，少能言人祸福，殁号通贤神女，或曰龙女，莆宁海有堆"，及李丑父庙记云"妃林氏，生于莆之海上湄洲，洲之土皆紫色，咸曰必出异人"，刘克庄庙记云"妃以一女子，与建隆真人同时奋兴，去而为神，香火布天下，与国家祚运相为无穷"，黄四如殿记云"门妃祖林氏，湄洲家故有祠？……他所谓神者，以死生祸福惊动人，唯妃生人福人，未尝以死与祸恐之，故人人事妃，爱敬如母，中心乡之，然后于庙响之"等记载皆非常之具体。

蔡相辉指出可借以理出妈祖生前事迹之轮廓如下：妈祖本姓林，莆田湄洲屿人，可能生于宋太祖建隆年间，为一宗教人物，少能言人祸福，亦懂医药，能生人福人，未曾以死与祸恐吓人，故莆人皆愿与之往来，爱敬如母，但因妈祖为一宗教性人物，往来人物中，不乏巫婆人物，而格于朝廷功令，其事迹遂未被详细记录下来。妈祖终其生未嫁，亦无后裔，大概卒于宋仁宗朝庆历年（1041）以前，享年70岁以上，葬于莆田县之宁海[17]。

从南宋到清代，绝大多数史料公认天妃姓林，生于湄州屿，自幼有异能，具体生日，虽只见于《东西洋考》，但早被全世界妈祖信徒奉为妈祖生辰，举行庆典，学者研究指出，妈祖是从中国闽越地区的巫觋信仰演化而来，在发展过程中吸收了其他民间信仰（千里眼顺风耳），随着影响力的扩大，又纳入儒家、佛教和道教的因素，最后逐渐从诸多海神中脱颖而出，成为闽台海洋文化[18]及东亚海洋文化[19]的重要元素。

林默娘自北宋开始神格化，被称为妈祖（当地人对女性祖先的尊称），并受人建庙膜拜，复经宋高宗封为灵惠夫人，成为朝廷承认的神祇，妈祖信仰自福建传播到浙江、广东等省和台湾地区以及琉球、日本、东南亚（如泰国、马来西亚、新加坡、越南）等地，天津、上海、南京以及山东、辽宁沿海均有天后宫或妈祖庙分布，妈祖文化近年来在东亚海洋史的研究中引出东亚在西方航海地理发现前已有的朝贡贸易、琉球网络及跨国移民史讨论，妈祖信仰圈成了东亚海洋经济及社会结构形成的历史见证之一[20]。

妈祖文化信仰的开展共分成三个阶段：第一阶段是福建莆田当地人民自行信仰阶段，约从妈祖逝世，至宋徽宗宣和四年（1122）；第二阶段是信仰之公开传播期，约从宣和五年（1123）朝廷赐庙额顺济称号开始，迄于宋高宗绍兴二十八年 (1158)；第三阶段属普及期，约从绍兴二十九年 (1159) 陈俊卿献地建白湖顺济庙以后至今。

　　妈祖文化肇于宋、成于元、兴于明、盛于清、繁荣于近现代，妈祖文化体现了中国海洋文化的一种特质。历史上宋代出使高丽、元代海运漕运、明代郑和下西洋、清代复台定台，这都体现海洋文化的特征。妈祖文化不仅是中国的，也是世界的。据不完全统计，目前全世界共拥有妈祖宫庙 5000 多座，妈祖信众有 3 亿多人[21]，其中以海上丝绸之路沿线国家为甚。在海外，不少华人集聚地，因对妈祖文化的认同，把天后宫作为社群活动的组织核心和主要场所进行交流活动。

　　妈祖文化更是中华民族重要文化瑰宝之一。作为中国海洋文化的代表，妈祖文化近千年来一直与我国诸多和平外交活动、海上交通贸易，都有着密切关联。随着 2009 年"妈祖信俗"被联合国教科文组织列入《人类非物质文化遗产代表作名录》，妈祖文化更是成了全人类尤其是"21 世纪海上丝绸之路"沿线国家共属的精神财富。

二、东亚妈祖文化传播

　　台湾民间妈祖信仰相当兴盛，妈祖庙可说是代表性的地方公庙。小至乡里、大至城镇，均可看到以妈祖为主神崇拜的庙宇。妈祖信仰历经千年，在华人社会发展成重要的文化现象。据史料记载，妈祖出生于五代、北宋之际，为福建莆田渔家之女，生前为里中之巫，平日从事占卜活动。由于占卜灵验，颇受当地渔民信赖，当她羽化升天过世后，当地人为她盖庙，祈求她的保佑。妈祖生前为巫，死后受拜，和当时闽粤土著"崇巫尚鬼"的风气有关。当地的居民普遍以海事为生,随时会遇上气候变化遭遇海难。因此,除了祭海,在出海前也占卜预测。

妈祖信仰之盛行与朝廷的重视有相当的关系。妈祖从原来的地方性神明,变成全国性的神祇,神格步步提升,朝廷透过这个方式,笼络人心。然而妈祖在汉人社会能形成广泛的信仰,也和她的女性婚配身份有巧妙的关联。妈祖虽然未婚,但是在汉人传统文化里,她被建构为已婚并生育子女的理想女性,如此妈祖"回娘家"的仪式便成为体现汉人社会运转的逻辑。进一步来说,这是一套拟亲属关系的运作,展现在进香活动的几个面向:妈祖与妈祖之间、妈祖与信徒之间,以及信徒与信徒之间。

何谓文化,关于"文化"的定义,中外学者、辞书典籍的诠释林林总总,"时至今日,世界上出现的文化定义大约有300种之多"。从古至今研究文化现象者不计其数,在文化主张上也是大相径庭。而"传播"一词最早则应用于生物学、物理学和化学领域,具有"扩散""传递"和"漫流"的意义。泰勒在其名著《原始文化》中最先将"传播"一词应用于文化现象研究,将其解释为"迁徙""暗示"和"分布"。

对于文化来说,传播是至关重要的。文化的特性就在于为一定的社会群体所共有,而文化共享的管道就是传播。文化是传播产物,传播是社会互动的结果。基于这样一种认识,文化传播便可理解为文化元素或文化因子从一个区域传递到另一个区域,从一个群体传递到另一个群体,以中心地为核心向周围扩散传播的文化互动现象。文化传播有多种方式,迁移扩散便是文化传播中最主要的一种传播方式。越南妈祖的信奉是大陆移民开始的，经由迁移扩散妈祖信仰随移民到达世界各地。

蔡泰山研究提出，追溯妈祖开始的朝代，妈祖是从北宋时期开始，至元、明、清代，每个朝代对妈祖的褒贬，乃视该朝代对海运、漕运重视与否，如妈祖在元代之所以得到迅速的传播，除航海原因外，还与元代漕运改为海运有关。明朝则是因为郑和下西洋，为了加强发展明朝与外国的文化关系。"明成祖御制（南京弘仁普济天妃宫称）：恒遣使敷宣教化于海外诸藩国。"乃记载郑和下西洋的主要目的。

妈祖文化信仰是以中国东南沿海为中心，范围涵盖了东亚海域日本（琉球）、韩国及东南亚社会道教海神的信仰。妈祖称号有天上圣母、天后、天后娘娘、天妃、天妃娘娘、湄洲娘妈等。妈祖信仰的影响力由福建湄洲传播开来，历经千百年，对中国沿海文化及东亚海洋文化产生重大的影响，学者们称此为妈祖文化。妈祖信仰 2009 年 10 月被列入联合国教科文组织人类非物质文化遗产代表作名录。

三、日本妈祖文化

妈祖文化的东渡日本传播源于中国与日本来往极早，可谓历史非常悠久。妈祖文化信仰在江户时代之前已经传入日本，茨城县、长崎县、青森县、横滨等地均有妈祖庙，一些历史较悠久的妈祖庙与日本传统神道结合，成为"天妃神社"，如弟橘比卖神社（弟橘比壳神社）、弟橘姬神社等，也有以日本神道仪式举行的"天妃祭"[22]。

日本长崎市内的三大唐寺——南京寺、漳州寺和福州寺及横滨中华街里的妈祖庙。日本长崎的妈祖堂的最大特点是由商人"商会"先建妈祖堂，然后把它拓建为佛祖和妈祖合祀的寺庙，把妈祖奉祀在寺庙中。而其目的在于祈求生意兴隆、海上平安。同时，利用神祇的节日活动加强团结，对日本的民俗起着深远的影响。后来日本商船上也安放了中国妈祖的神龛，作为海上航行的护船神㉓。

中国与日本来往极早，秦代开始，有徐福渡日，至今日本把当年徐福登陆地的村庄，命名为"徐福村"。东汉建武中元二年（57），日本派使臣来赠方物，刘秀赐以金印。清乾隆四十九年（1784）日本九洲志驾岛曾出土一枚金印，上刻"汉倭奴国王"字号。这时汉已通航到日本以东以南数千里外的岛屿地区，有的航程需一年以上，说明我国海上航运的发端极早。但是，妈祖生于北宋建隆元年（960），至雍熙四年（987）28岁升化。在我国，南宋起，民间就开始把妈祖奉祀于海舶之中，作为护航的神祇。而传入琉球的时间，据现有文献记载，是在14世纪明洪武年间开始。

明初，因为张士诚失败后，其部下流窜沿海并吸收一部分日本的失业者，活动在海上，威胁了朱元璋政权。接下来，由于胡惟庸通日案件发生，加上日本来使献巨烛，烛心内暗藏利器的阴谋事发。朱元璋对日本本土采取断交政策㉔，所以，终明一代，官方仅着重与日本南部琉球的频繁来往，因那时琉球尚不属于日本。

肖一平提出片浦这个港口㉕，据明治三十一年（1898）六月十六日发行《萨隅日地理考》记载："野间岳之东麓朝港口北，港口有二岛，一名楫羽岛，一名竹岛，浓度108尺多，港内可泊巨轮数百艘，实为县内一个良港，东岸濒海，西岸有居民数百户，其名叫片浦。"在日文《妈祖信仰与萨南片浦林家的妈祖》一文中曾叙述林勘次郎的口述说，先祖林北山，于皇百十代光明天皇的朝代，从中国冒险渡海来此定居，随后归籍日本。当时正值明朝灭亡，清朝崛起之际，各地战乱频繁，人民离乡背井，流离失所，不计其数，于是扶老携幼，漂海来此落户，天长年久，便成为第二故乡而入日本国籍。林家渡海时带来妈祖神木像（包括左右侍卫）大小七尊来到日本，系安置于野间岳西宫。日文《长崎夜诂草》一书说"从长崎入港的中国船，每当初见此山时，都要烧币钱，敲金鼓举行隆重的祭典"。这个山便被赋予"野间权现"的称号。

周时，日文《三国名胜图会》有以下说明："野间岳似乎是中国航行船的目标，每岁中国的商船来到长崎时，一定以此岳为航标，沿其航道前进，到达皇国之后，一开始便是开怀畅饮，互祝平安。""野间"日文即"妈祖"之义。可见，在海边定居后，在片浦与琉球及华南进行海上贸易，收入充足，所以把妈祖安置在山上盖起堂皇的庙宇㉖。

日本很重视妈祖的研究工作，日本自明治维新后，凡政治、经济、科学、文化诸端都在改革，并且几乎同步进行，在湄洲祖庙进香的外国人中，就有日本妈祖会的成员，有日本学者、商人及其他的旅游者频频向往。研究日本与中国民俗学的鹿儿岛大学下野敏见先生二度来莆，并同笔者进行了两次接触，共同切磋有关妈祖民俗问题与日本民俗的关系。日本民间有稻神社是奉祀稻神的，稻神社中也供奉妈祖神。自古以来，日本的稻谷是从福建以海舶运去而传入的，因此民间很重视"谷神"。而运稻谷的船舶是以妈祖为航运的保护神，因而妈祖也成为日本稻谷的保护神了。

四、琉球妈祖文化

许更生研究提出 [㉗]，据文献记载，妈祖文化传入琉球为 600 多年前的明洪武年间（1368—1398）。明人陈侃《大明一统志》说："我太祖遣传，琉球首效归附，故特赐以闽人之善操舟者三十六姓焉。使之方便往来，朝贡亦作指南车耳。"这一记载与华裔日籍教授李献璋的调查资料相互吻合："明太祖新王朝成立时，作为招抚外蕃的一环，于洪武五年（1372）就派遣了旅行者杨载到琉球告谕。当时，琉球是中山、山南、山北三国鼎立。杨载会见了中山王，并于同年 12 月，中山察度派王弟为使者入贡明朝。于是，中山王连年派出进贡船只，而且，山南王从洪武十三年（1380）左右起、山北王从洪武十六年（1383）左右起，也都派出进贡船只。"

由于琉球造船业落后，无法建造渡海大船，明廷就于洪武十八年（1385）赐予中山王察度、山南王承度海船各一艘。同时，还派给有航海经验的船工、外交文书、通事（翻译）等，令其定居琉球。据明人谢杰记述："洪武二次各遣十八姓，多闽之河口人，合之凡三十六姓。"这些人大多来自福建泉州、漳州、长乐、福州等地，还有少数宁波、北方人。至永乐年间，迁徙定居者已达上百人。他们在与中国重要通商港口"九里面"建筑了土城，取名"唐营"。移民们还带去了四书五经，设立了孔庙，在当地开馆设学，并举行科举考试。

由于洪武初赴琉球的出发地是泉州，因此泉州市花刺桐树也成了琉球群岛随处可见的植物，被尊为县花，且如今冲绳县很多人还在讲闽南方言。当地船主、商贾、百姓乃至官方人士，每天都要到妈祖宫庙朝拜，十分虔诚。偌大的琉球共有 3 座妈祖宫：久米村的上天妃宫、那霸的下天妃宫和久米岛天后宫[28]。

（一）琉球妈祖庙

谢必震与陈硕炫研究提出[29]《中山传信录》载："琉球天妃宫有二：一在那霸，曰下天妃宫——天使馆之东，门南向。前广数十亩，有方沼池。宫门前，石神二。入门甬道，至神堂三十步许。""上天妃宫，在久米村……宫在曲巷中，门南向，神堂东向。门旁，亦有石神二。进门，上甬道。左右宽数亩，缭垣周环。正为天妃神堂，右一楹为关帝神堂、右为僧寮。阶下，钟一所。大门左有神堂，上飨供龙神。"[30]此二庙素为华裔所崇奉，可惜均毁于第二次世界大战之战火。在 1974 年左右，由琉球崇圣会在那霸重建一庙。

清乾隆二十一年（1756），册封使全魁、周煌在册封途中幸免于难，漂到姑米山，并在姑米山（久米岛）建天后宫，以酬神恩。《琉球国志略》载："天妃宫：……一在姑米山，系新建。兹役触礁，神灯示见；且姑米为全琉门户，封、贡海道往来标准：臣煌谨同臣魁公启国王代建新宫，崇报灵迹。中山王尚穆，现在遴员卜地鸠工。"[31]另外，《球阳》卷十五、尚穆王五年（1756）第 1189 条《册封使建天后宫于姑米岛》亦记载："封舟在姑米山破坏之时，通船幸赖菩萨灵佑，得以活命，吾欲于彼处建立天后宫，以酬救生之德，望国王亦舍银共建神宫等因。二册使既达之于王，又以工费银一百二十两及匾字、对联二副送之；其副使内司九人亦送助银三十七两二钱。于己卯年建天后宫于姑米山，而起神像购之于闽。是年十二月初一日安奉其宫。"㉜这是唯一遗留下来的天妃宫，1962 年、1976 年曾得到两次修缮，被列为文物保护单位。

关于琉球这三座天妃宫的建造年代，一般认为以天使馆旁的下天妃宫最早，其次是上天妃宫，最后是清乾隆二十四年（1759）建成的姑米山天后宫。《球阳》载："尚巴志王三年（1424）创建下天妃庙。杜公录云：'天尊庙，昔闽人移居中山者创建祠庙，为国祈福。以此考之，上天妃庙、龙王殿亦此时建之欤！'又曰：'龙王殿旧是建在于三重城，经历既久，移建于唐荣上天妃庙前矣。'"㉝李献璋曾根据《殊域周咨录》卷四的记载，提出了上天妃宫最早的说法。但由于天尊庙建于何年，史无可考㉞，龙王殿的创建年代也不可得知，所以上天妃宫的具体创建年代也无法考证。

（二）琉球妈祖文化传播

关于妈祖文化在琉球的传播，谢必震与陈硕炫研究提出共有闽人三十六姓的传播、册封使团的传播、漂风难民的传播、琉球贡使团的传播㉟四部分，笔者将在下文中以此为基础进行分别论述。

在闽人三十六姓的传播部分，明人陈侃《大明一统志》说："我太祖遣传，琉球首效归附，故特赐以闽人之善操舟者三十六姓焉。使之方便往来，朝贡亦作指南车耳。"明初赐琉球闽人善操舟者三十六姓，这些善操舟的闽人基本上是以船为伴，以海为生，所以对海神天妃的信仰在他们心中自然是根深蒂固的。因为是明朝所赐，这些移住琉球的闽人也一直受到琉球王府的礼遇，同时，他们的宗教信仰也受到了尊重，并在琉球王府的帮助下建造了天妃宫，从而在很大程度上促进了妈祖信仰在琉球的传播。

清乾隆二十三年（1758），琉球人蔡世昌留学中国。学成归国后著《久米村记》云："从村口入，行数十步，有神庙称上天后宫。"久米村上天妃宫是由赐居琉球的福建三十六姓创建的。中国使馆在那霸，叫"那霸天使馆"，下天妃宫就建在那霸天使馆旁，是明永乐二十二年（1424）由琉球国王尚巴质创建的[36]。另蔡文溥的《四本堂家礼》中便可窥见一斑，《四本堂家礼》载，"蔡文溥之父教诲子孙每年三月二十三日要供三牲祭妈祖"。[37] 蔡氏，原福建泉州晋江县人，宋端明学士襄之后。[38] 蔡文溥曾于清康熙二十七年（1688）入太学，并官至琉球国正议大夫。其父蔡应瑞亦为正议大夫，康熙三十四年（1695）贡使。[39] 由此可见，闽人移民有的还受琉球王府的重用，担任要职。这为妈祖信仰在琉球传播提供了有利的条件。

在册封使团的传播部分，琉球妈祖信仰文化的传播过程中，册封使团所起到的作用也是不容忽视的。自从中琉建立封贡关系以来，每位"国王嗣立，皆请命册封"。[40] 而明清两朝的统治者大都应其所请，派遣大规模的册封使团，远渡重洋前往册封琉球。如清康熙二十二年（1683），汪楫因"文学颇通""人亦甚优"，被任命为册封琉球正使，率团出使琉球。时任朝廷大臣的莆田人林麟焻为副使。此行是清政府的第二次派使册封，康熙皇帝亲书"中山世土"四字以赐赠琉球国王[41]。据统计，明清两朝政府共23次册封琉球，派出正副册封使43人，其中明朝15次，27人，清朝8次，16人。[42] 册封琉球用的封舟一般都是在福建修造，舟上均专门设有供奉天妃的地方，如陈侃在《使琉球录》中记载，明嘉靖十三年（1534）封舟"舟后作黄屋二层，上安诏敕，尊君命也，中供天妃，顺民心也"[43]。使团中甚至专门配置"香公"一名，朝夕祈祝天妃以求平安。封舟到达琉球后，必须举行隆重的仪式恭请妈祖神龛上岸，安放在妈祖宫内借以朝夕拜贺。完成册封使命后要起航回中国时亦要举行隆重仪式恭奉妈祖入舟护航。

在漂风难民的传播部分，由于古代航海和造船技术的局限，海难时有发生。闽船漂到琉球的例子也是不胜枚举。这些闽船漂到琉球为当地人所救后，漂风船只必须向当地政府详细汇报船只的来源、船上人员情况、船上装载的货物等。如清乾隆三十六年（1771）十二月二十八日漂流商船户主李振春上书当地政府的文书中记载，"船上共有二十三人，奉祀有天后圣母和水部尚书"[44]；乾隆五十年（1785）十二月十五日，福建省福州府侯官县陈泰宁的已有商船漂到八重山，"通船二十九人祈愿目连尊者、天后圣母、观音大士案前"[45]。乾隆五十年（1785），福州的一民间商船漂到奄美大岛，船内有天后娘娘、观音菩萨、千里眼、顺风耳神像各一尊[46]。

清乾隆五十一年（1786）七月，福建省福州府闽县天字第一十八号商船遇难，漂到八重山，船主李其昭给八重山政府的文书中记载，"本船总共人一百五十四名，常祀普陀观世音菩萨、天后圣母元君"[47]。清嘉庆六年（1801）十二月，福建省泉州府同安县人徐三贯的船漂到八重山，"货物……一尽沉没无迹，惟有所祀圣母、佛祖全座晋（仅）存。……通船计共三十二人，常祀观音佛祖、天后圣母、诸神香火"[48]。从这些汇报文书中，也可以看出这些船上大都奉祀有天妃神像，船员也大都是天妃的忠实信徒。这些漂风难民要等到船只修好或搭乘琉球的进贡船才能回国，所以他们在琉球逗留的时间一般也需要数月，有的甚至直接留在琉球成为通事或进贡史。为了感谢神恩并祈祷早日回国和家人团聚，这些漂风难民在逗留期间也十分虔诚地祭奉他们船上的神像。这无形中也对琉球人的信仰产生了一定的影响。至今尚存的冲绳县奥武岛上的观音堂便是一个相类例子。堂中《观音堂三兴之记》载："此堂者何为其创建耶？昔中华之人漂泊于此土地来，见其四方胜境，叹曰：此是护国济世之道场，而佛苑之奇观也。于此建立一宇佛庐，果无风灾旱殃之厄难。"

在琉球贡使团的传播部分，琉球贡使团来华除了朝贡贸易外，还担负着贺天寿圣节、庆贺登基、贺元旦、请封、迎封、谢恩、进香、接贡、接送官生、难民等各种各样的任务，所以琉球贡使团来华极为频繁。据日本学者赤岭诚纪《大航海时代的琉球》一书统计，明清琉球贡使团来华多达 884 次，其中明代 537 次，清代 347 次。由于艰险的航海旅程，许多贡使团的成员成了虔诚的天妃信徒，或是进一步加深了他们对天妃的信仰，这从现存的福州城内台江尚书庙里的碑刻中所记的内容便可见一斑。碑中有关内容摘录如下："嘉庆岁次庚申年修建天后宫尚书庙众善信题捐缘金者姓名开列于左：……琉球大船直库比嘉筑登之亲云上番壹拾元。大船内佐事等拾名番壹拾元。水手伍名钱壹仟文。琉球大船直库水手肆拾名番壹拾元。琉球直库长岭亲云上番壹拾元。大厅佐事等玖人番玖元。定加子共六名钱壹仟文。水手共贰拾六名钱两仟文。琉球封王直库头号贰号船番贰拾柒元。……嘉庆岁次壬戌年季夏吉旦劝缘人立。"

碑文的内容也在很大程度上反映了当时琉球人信仰妈祖已是蔚然成风了。而这些琉球贡使团的人员散布于琉球国民的各个阶层，所以在妈祖信仰向琉球广泛传播的过程中，他们所起的作用也是可想而知的。

五、结语

东亚受中国文化影响，民间传统节日的日期和风俗也基本和中国一样，同时又有很多具有本民族特色的节日。在东亚的华人保持着祭祀中国神的习俗，各路神仙的生日都算是小小的节日，有一定的仪式和活动。而妈祖诞辰纪念日农历三月二十三日则是最重要的大祭祀，因为当地华人把妈祖视为保护神，可见妈祖信仰文化随着先民于迁徙、传播到东亚，经由长时间的累积并已形成了东亚日本、琉球当地妈祖文化。

妈祖信仰与我国古代许多和平外交活动有密切关联，诸如宋代的出使高丽，明代的郑和七下西洋历访亚非40多国，明、清两朝持续近500年地对古琉球中山国的册封等，都是借助妈祖为精神支柱而战胜海上的千灾万劫，圆满地完成了和平外交的任务。妈祖文化作为文化交流的先锋，在促进经济文化协调发展和区域经济深度合作方面发挥着重要作用。

天下妈祖，祖在湄洲，海峡两岸因为妈祖信仰文化更为紧密联结，更因妈祖文化2014年形成了妈祖海上丝绸之路的政策。妈祖信仰文化也因为透过海上丝绸之路让周边地区有妈祖文化交流，2017年7月1—7日以"妈祖文化丝路精神人文交流"为主题的"妈祖下南洋·重走海丝路"暨中马、中新妈祖文化活动周将在马来西亚、新加坡举行。2017年9月23日—10月9日湄洲祖庙妈祖首次巡安台湾20周年并将再次巡安台湾。还有妈祖文化"走出去"服务"一带一路",实质性地透过海上丝绸之路展开妈祖文化交流。

可由妈祖文化搭台,在基础设施、产业对接、海洋经济、投资贸易等领域与"海上丝绸之路"沿线国家展开合作,并推进妈祖文化的传承弘扬和发展创新,为海内外炎黄子孙搭建密切情缘关系、扩大交流合作的广阔平台,推动妈祖文化交流与传播向更宽领域、更高层次发展,进一步提升妈祖文化品牌在21世纪海上丝绸之路建设中的影响力。

注释

① 海峡网:《妈祖下南洋·重走海丝路下月启航赴马来西亚、新加坡开展文化交流》,2017年6月9日。

② 严文志:《越南妈祖文化传播之研究》。

③ 严文志:《台湾妈祖碑碣之研究》,《莆田:海峡两岸妈祖文化学术研讨会》论文汇编,第140页。

④ 蔡相辉:《北港朝天宫志》。

⑤ 蒋维锬:《妈祖文献资料》。

⑥ 原文出自黄公度《知稼翁集》卷上,钦定四库全书,集部(台北故宫博物院藏文渊阁本),第57页。

⑦ 潜说友:《咸淳临安志》卷七十三,收入《四库全书》。

⑧ 据蒋维锬:《妈祖文献资料》指出,丁伯佳,生卒年未详,字

符晖，福建莆田人，嘉定十年（1218）进士，嘉熙中官给事中，第10—11页。

⑨ 陈宓（1230年殁）：字师复，谥文贞，莆田（今福建莆田）人，学者称复斋先生。

⑩ 蒋维锬：《妈祖文献资料》。

⑪ 李驹：《长乐县志》，福建人民出版社1993年版。

⑫ 维基百科：《妈祖》。

⑬《圣墩祖庙重建顺济庙记》：特奏名进士廖鹏飞于南宋绍兴二十年庚午（1150）正月十一日撰写，现载于莆田市涵江区白水塘。

⑭ 张燮，谢方点校：《东西洋考》，中华书局2000年版。

⑮ 严从简，余思黎点校：《殊域周咨录》，中华书局2000年版。

⑯ 蔡相辉：《台湾的王爷与妈祖》，台原出版社1989版。

⑰ 北港朝天宫。

⑱ 徐晓望：《妈祖的子民：闽台海洋文化研究》，学林出版社1999版。

⑲ 滨下武志：《中国、东亚与全球经济——区域与历史的视角》2009版。

⑳ 滨下武志：《中国、东亚与全球经济——区域与历史的视角》2009版。

㉑ 湄洲发布，《厦门会晤特别报道——大美福建妈祖圣地美丽莆田》，2017年9月2日。

㉒ 维基百科，《妈祖》。

㉓ 华人百科,《天上圣母妈祖》。

㉔ 肖一平:《东渡日本》,《新华网·妈祖在线》。

㉕ 肖一平:《东渡日本》,《新华网·妈祖在线》。

㉖ 肖一平:《东渡日本》,《新华网·妈祖在线》。

㉗ 许更生:《琉球天后宫长联辨正》,《莆田文化》,莆田文化网,2013 年 5 月 24 日。

㉘ 许更生:《琉球天后宫长联辨正》,《莆田文化》,莆田文化网,2013 年 5 月 24 日。

㉙ 谢必震、陈硕炫:《琉球天妃信仰状况及其嬗变》,《莆田学院学报》,2013 年 09 月 02 日。

㉚ 徐葆光:《中山传信录(台湾文献丛刊第 306 种)》,台北:台湾银行经济研究室(1972),第 44-45 页。

㉛ 周煌:《琉球国志略(台湾文献丛刊第 293 种)》,台北:台湾银行经济研究室(1977),第 166 页。

㉜ 球阳研究会:《球阳》,东京:角川书店 1974 年版,第 337 页。

㉝ 球阳研究会:《球阳》,东京:角川书店 1974 年版,第 337 页。

㉞ 杨仲揆:《琉球古今谈》,台湾:台湾商务印书馆 1990 年版,第 128 页。

㉟ 谢必震、陈硕炫:《琉球天妃信仰状况及其嬗变》,《莆田学院学报》,2013 年 09 月 02 日。

㊱ 许更生:《琉球天后宫长联辨正》,《莆田文化》,莆田文化网,2013 年 5 月 24 日。

㊲ [日] 洼德忠:《冲縄の民间信仰—中国文化から见た》, ひるぎ社 (1989), P125。

㊳ 徐葆光:《中山传信录 (台湾文献丛刊第 306 种)》, 台北: 台湾银行经济研究室 (1972), 第 175 页。

㊴ 徐葆光:《中山传信录 (台湾文献丛刊第 306 种)》, 台北: 台湾银行经济研究室 (1972), 第 180 页。

㊵ 高歧:《福建市舶提举司志·考异》(1939), 第 36 页。

㊶ 许更生:《琉球天后宫长联辨正》,《莆田文化》, 莆田文化网, 2013 年 5 月 24 日。

㊷ [日] 陈哲雄:《明清两朝と琉球王国交涉史の研究》,《琉大史学 (第 8 号)》(1976), 第 64 页。

㊸ 徐恭生,《明清册封琉球使臣与妈祖信仰的传播》,《妈祖信仰国际学术研讨会论文集》, 台湾: 台湾文献委员会 (1997), 第 34 页。

㊹《难船唐人の报告书》。

㊺《唐人难破船よりの礼状》。

㊻ [日] 丰见山和行:《航海守护神——妈祖、观音、闻得大君》,《尾本惠市, 滨下武志, 等. 越境するネットワーク》, 岩波书店 2001 年版, 第 189 页。

㊼《漂流唐船主より八重山への文书》。

㊽《漂流唐人の经过报告书》。

舟山传统布袋戏艺术探微

毛久燕

（浙江海洋大学 东海发展研究院）

摘要： 舟山布袋戏是浙东地区传统木偶戏的典型代表。它戏台小，戏班成员少，移动方便，适宜在岛与岛之间流动演出，其表演形态基本沿袭民国年间，古朴之风犹存。

关键词： 布袋戏；戏台；艺术

舟山布袋戏于清光绪年间从宁波内陆传入舟山群岛，后逐渐与当地的风俗民情相融合，成为舟山民众喜闻乐见的一种艺术形式。它戏台小，移动方便，适宜在岛与岛之间流动演出，如今尚有十几个戏班在民间活动，其演出多与民间信仰相关，如求神许愿、消灾赐福等，是浙东地区传统木偶戏的典型代表。

舟山布袋戏的表演形态基本沿袭民国年间，古朴之风犹存。本文主要探讨的是：舟山布袋戏的戏台和表演形态；舟山布袋戏的艺术特征，包括木偶操纵艺术、说唱艺术，艺人之间所使用的暗语、乐手所使用的乐器等。

一、舟山布袋戏的戏台和表演形态

布袋戏传入舟山之初，是木偶操纵、伴奏全部由一个人来完成的，民国《定海县志》记载："其舞台如一方匣，以一人立于矮足几上演之，谓之'独角戏'，亦曰'凳头戏'。"民国后期逐渐演变为一人主演、两三人伴奏的戏班组合，传承至今。

戏台是折叠式的，便于移动和搬运，展开后，高约 1.5 米。戏台下有基座，高约 50 厘米，基座通常由两条长凳上搁门板搭成——高度的增加能增强演出效果，与庙宇内戏台的基座、现代剧场的舞台有着异曲同工之妙。

戏台一般靠墙搭建，并以戏台为中心，在墙面上钉上两枚钉子，用以绑缚戏台。两枚钉子间距四五米，分别与戏台的左右两翼一条挂有红色绒布的绳子相缚，如此可形成一个演出区域。该区域分为"前场"（又称"前台"）和"后场"（又称"后台"）两个部分。前场主演一人，负责木偶操纵和说唱；后场二至三人，负责乐器伴奏。舟山布袋戏班的主演往往就是班主，伴奏者原则上为临时雇请，但考虑到艺人间配合的默契程度，班主通常会考虑长期搭档，若搭档者临时有事、生病等有不得已的情况时才临时雇请他人。民国年间，曾出现过前场只会操纵木偶，不擅说唱的情况，此时，则须专配一说唱者站在前场的后面，但这种情况极少。舟山布袋戏台如图 2-1 和图 2-2 所示。

图 2-1　舟山布袋戏台正面（定海石礁夏继民戏班）

图 2-2　舟山布袋戏台俯视图及艺人座位示意图（定海石礁夏继民戏班）

　　戏台的主要构件有：折叠体（戏台上部）、道具箱、台叉、罩檐（或花板）、台帘、台围、台基。戏台上部的折叠体由台面、台沿（台框）、台窗、台兜四部分组成，台面与台沿，以及台面与台窗之间用金属合页连接，台面与台兜之间连接用铁钉固定。四部分均可折叠，便于收纳和使用。此外，还有木偶头和服饰、插彩棒、小道具、挂帘绳、乐器等备件。20世纪70年代以后只增添了话筒、小型音响等扩音设备，戏台的结构和演出形态基本沿袭民国年间（图2-3）。

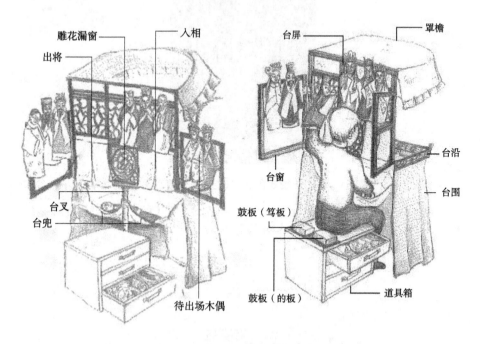

图2-3　前场主演坐姿和戏台基本构造（山崎香文子绘）①

二、舟山布袋戏的艺术特征

（一）木偶操纵艺术

舟山布袋戏的木偶头与衣服相连，木偶头俗称"头子"。头子内有孔，食指可插入其间。艺人以左手操纵木偶时，用指插进木偶头之孔，木偶之头由食指操纵，由拇指操纵木偶之右手，由中指、无名指、小指共同操纵木偶之左手。这种操纵方法称为"三条法"——食指一条，大拇指一条，其余三指一条。

木偶的操纵讲究台步，即木偶走路的姿势和步伐，尤其是剧中人物的登场和退场，要求尽量模仿真人，步伐节奏要求严格。

木偶的出和入，即登场和退场，必经灌门——"出将""入相"之门，左灌门为"出将"，右灌门为"入相"。木偶从左灌门登场，从右灌门退场，这是不变的规矩。两灌门皆有门帘，木偶出入灌门，首先要注意"揭开门帘迈几步"的动作。关于揭门帘之规矩，普陀布袋戏艺人郑明祥（1929 年出生）解释道："真实的戏台有台阶，人做的大戏文，演员下场时，要过台阶再到班房，小戏文学的是这个过程。"即对真人演出戏剧之模仿。

木偶出左灌门初次亮相，要徐徐前行，规定三步半斜走至台面右上角，再返回到戏台中间。此间，艺人要注意四点：一是要控制好木偶移动的速度，切忌让其迅速前行或将其迅速拉回；二是演员要用身体和胳膊，而不是用手掌来控制和把握木偶的身体，这样才能令其姿态逼真；三是艺人的肘关节高度尽量与台沿持平，让木偶出现在戏台之上而不被台沿挡住，也不能因过高而让观众看到艺人的手臂，艺人的臂弯一般呈直角为宜；四是木偶移动至台面右上角时，因台屏中间有台插拦住艺人身体，艺人的手臂不易够至，则须侧身向前，而手臂应仍保持原姿势。

木偶退场之时，也须有"揭开门帘迈几步"的动作，但是插在台沿上的闲置木偶，即不用说话或动作的木偶角色，没有从灌门退场的要求，也没有步伐讲究。

两个角色同时在戏台上活动是常有之事，这就要艺人左右手同时操纵木偶，遇到有两人交战的情节时，还要会使用武器。有时，根据剧情的需要，还须借助道具表演各种特技，如走马、飞龙、闪金光、喷火、刮猛风等。

对于情感的表现，除了声音，动作也至关重要。如哭的时候，用袖子擦眼泪；笑的时候，抬起头来做"哈哈"大笑之状。又如两夫妻吵架之后，丈夫上前安慰妻子讲好话，妻子扭头不听等，都需要手指用细腻的动作去表现。

郑明祥讲述了各种人物的走路姿势：

各种角色的走路姿势，是不一样的，阿拉话"武要武走，文要文走，旦有旦走，丫头有丫头走法"。

武将："哒、哒、哒"大步头，腰不动，整个手臂动，不可摇摇摆摆。

相公、小姐（旦）等文人："哒哒哒"细细地，"移记移记"慢慢地，小脚步。如小姐下楼等。

花旦："夭记夭记、夭夭动"，人（身体）飘飘动。

丫头：夭记夭记，有的跳跳动。

花脸公子：抢老绒（老婆），走起路来也摇摇摆摆的，有时摇摇扇子。

"夭记夭记、夭夭动"，指女角色扭动腰肢"弄肢"的动作。

角色的步态动作须与后台的鼓和板配合，故有"做戏晓得锣鼓经"之说。

前场主演一般只有一位艺人，但有时戏班中两位能操纵木偶和说唱的艺人时，替换上场以减轻艺人长时间的演唱而带来的疲劳感。

（二）说唱艺术

中国传统木偶戏多以方言说唱，舟山布袋戏则用舟山方言，这也是舟山民众喜闻乐见的原因之一。舟山布袋戏的说唱特点主要有：

第一，艺人没有剧本，即兴说唱。师父只给徒弟讲述故事梗概，对于某一剧目，艺徒只要记住故事梗概和主要情节，在实际演出过程中根据自己的理解组织剧情、增减细节，也可凭借自身的想象力自由发挥，适当地更改剧情。有时，还要考虑东家的意愿，比如说东家要求增加喜庆的场面，艺人就会在剧情的最后——或拜堂成亲、或金榜题名、或加官晋爵，进行铺叙渲染。一个剧可演一两个小时，也可演一两天，艺人可根据东家的要求安排剧情，控制演出时间，这也是即兴说唱的优势所在。即兴说唱也便于艺人根据自己的擅长安排剧情，比如男艺人擅长武戏，而女艺人则擅长情感的表现。对观众而言，则是演剧带来的新鲜感，同一个剧，不同艺人有各自的演出风格，同一艺人也不会完全复制前一次的表演，因此让人百看不厌。

第二，有固定的套话、语段，最典型的是出场白。剧中主要人物首次出场一般都有出场白，多以诗句形式出现，俗称"打场头"。同一类型人物的出场白在不同的剧中往往可以通用。

如元帅出场："一颗元帅印，本是国家宝。落在本帅手，定将狼烟扫。"

女将出场："荣登天子堂，总为第一郎。将相本无种，女儿当自强。"

少年英雄出场："一支雕翎箭，弓开马上骑。学打飞禽鸟，英雄出少年。"

悲旦出场:"泪如长江水,滴滴不断流。流入秋夜田,一滴一声悲。"

第三,人物唱词朗朗上口。如侯家班《李三娘》中,岳林冲之女岳彩珍唱段:

岳翠珍:爹爹呀——

(唱)昨夜晚小女坐在东楼里,

为国家大事难安眠。

忽听楼下哭声起,

哭爹喊娘好可怜。

开口可比金鸡啼,

转音可比凤凰鸣,

想不到小军冻煞雪地里,

怪勿得我有心去送他衣。

民间艺人一般文化水平都不是太高,有的甚至不识字,他们的唱段,一是来自师父的口传心授,二是艺人本人的创编。这就要求艺人具备一定的素质,如记忆力、创造力,以及对生活的体验和感悟能力。

第四,运用民间小调的对答式唱段。如侯家班《乾坤印》中,洪兰英的侍女红花为救肖金林,使美人计灌醉看守的家人洪福。

红花:哦哟,阿福哥哎,阿拉(我们)小姐多少好。其(她)话,红花哎,侬(你)整日服侍我,辛苦煞了。格②今日夜里楼登(上)事体(事情)呒没(没有)了,侬要有事情,只管走好了。哎,格我忖,该里(这里)附近侬人顶(最)好了,貌相也顶好了。格我心忖搭侬讲句悄悄话,格是介③寻侬勿着。后来问落(下)来,侬来(在)该里花园水牢门口。

怪勿得我老酒烫拉(得)"哒哒"滚，我来陪侬来了。

　　洪福：哦哟，咋介(这么)有趣。

　　红花：啊，阿福哥呀——

　　洪福：哎，红花阿姐哎！

　　红花：(唱)叫一声，阿福哥哥侬来听。

我红花自幼爹娘命归阴，

十岁卖进洪府门。

侬阿福哥相貌好，良心好，

我想与侬配良缘。

　　洪福：哎，有趣足了。

(唱)叫一声，红花阿姐侬来听。

我阿福出身也是苦命人，

从小卖进洪府门。

相公面前做书童，

做官勿思忖，

抬老婆也要忖。

红花呀，侬有心么我有意，

今夜晚花园里面做夫妻。

　　红花：哟，阿福哥哎。

　　洪福：哦，像乱梦地里一样，甭话(说)了。

　　红花：(唱)叫一声，阿福哥哥，侬来听。

侬千放心来万放心，

夫妻本是前生定,

总算小姐大善人,

答应慢慢做媒人。

今夜晚,花园里厢定前生,

我与侬"咚咚咚"么"叮叮叮",

谈情说爱到天明。

洪福:啊,红花阿姐哎,格勿会搭我开玩笑伐(吧)?

红花:勿会或。

洪福:哦,人像来(在)乱梦地(梦)里一样。

红花:啊呀,阿福哥,哎,那。老酒待会要冷哦,来嘛。老酒是茁壮水,越吃越茁壮。

洪福:哦,话着吃老酒。我人"喳喳"老酒虫爬上来了。红花阿姐,格好,那,侬那头我该头,这些老酒吃完也算数了。

红花:阿福哥哎,我是女人啦,老酒勿会吃哦。我存心今夜晚来陪陪侬啦。

洪福:哎,格好足了,今夜晚侬来陪我,我菜一口也勿用。格我坐下来,"哎足"。

红花:阿福哥,那,吃一碗。

洪福:哎,也勿是杯子,大碗呕我吃一碗。哦,味道好极了。

红花:哦,阿福哥哎,成双搭对,荣华富贵,再来一杯。

洪福:哎,再来一杯么就再来一杯。哦哟,晕晕动了,立不牢了。

(做晕状)

红花：哦，阿福哥哎，格算啥闲话呢，连中三元，再来一杯。

洪福：哎，再来一杯么就再来一杯。啊呀，这下不对了，果然立不牢了，人要倒下了。

红花：哦哟，阿福哥，机会难得，全部吃完算了。

洪福：哎，全吃么就全吃。啊呀，天在转，地也在动。(倒下)

红花：阿福哥，再吃两杯！阿福哥，再吃两杯！（呼……）

上引唱段的主要特点有：唱词灵活、细腻，富有生活气息；曲调流畅、柔婉，节拍规整而不拘泥，节奏感鲜明。这是民众喜闻乐见的表达方式。

第五，丑角的幽默语言。

(1) 富家少爷的自白。郑明祥列举了两个通用唱段。

①富家少爷："爹做官，儿享福，牛耕地，马吃谷，阿姆娘（母亲）养猪我吃肉。日日夜到（晚上）困勿着，顶好（最好）弄个美多娇么陪陪我，陪陪我。"

上述简短的独白，将传统戏剧中典型的反面形象——富家少爷的顽劣、不务正业的脾性展现得淋漓尽致。

②落魄少爷去讨饭："学生××人，屋里厢家计大，出生时阿拉阿姆娘、阿爹家计一座山样，学生郎不学正业，学赌和嫖，家计吃光用光，现在像红毛瓶一只。呒没生意做，做本钱生意，我听阿姆话，第一行生意，该里两只手，腋下再生一只手（指做小偷），该生意交关（很）推板（不好），弄勿好拨人家要打，小苦吃煞，现在做呒本钱生意——讨饭。"

上述独白形象地展现了一位落魄少爷的可笑、可怜之状。语言诙谐，方言的表达形式更增添了几分幽默感。

（2）小兵或家丁的对答。侯家班《李三娘》选段，"宝徒"为安南国将领王天龙的营中小兵：

宝徒甲：哦，火油灯的儿子哎。

宝徒乙：咋话啦？闹瘟灯笼阿弟。

宝徒甲：哎，阿拉元帅啦，人家岳元帅来招兵，格其也要招兵啦，格有招吭没招，譬如（等于，相当于）勿招啦，我心是冰冷啦。

宝徒乙：难讲嘛，派勿来（有可能）啦，心想生各样啦，嗬④！老百姓老百姓，心有一百样。有的人要投九龙关，有的人作兴要投黄龙山。格阿拉譬如勿得贴眼（点），那，该边统是一点九龙关岳元帅一邦，嘛（别）拨其搞错，阿拉堂（这）边贴点。哎足！再贴张点。哎，哎足！哦，一贴会贴三五廿五六张。

宝徒甲：笨爹笨娘，三五么廿五，格十五、六张咋廿五六张。

宝徒乙：哦，阿爹呀，我人话错了，搅糊嘞。哎，待边上去等之，待边上去等呵。

舟山布袋木偶戏的说白和唱词多使用方言，艺人们常会加入与舟山民众的日常生活相关的、逗笑滑稽的片段、词句和细节，增加亲切感和幽默感，这也是民众最喜闻乐见的。因此，艺人人生经历的不同、性格的不同、对生活的观察能力的不同，对同一故事的演出也会不同，这也正是民间艺术的魅力所在。

（三）暗语

木偶戏演出的过程中，前场和后场、师徒之间有时需要配合和交流，为了不让观众发现，会使用一些暗语。

前场往往起着主导性作用，而前场说唱又有即兴发挥的特点，因此后场的伴奏要无时无刻关注和跟紧前场演出的步调，揣摩前场的意愿和需求，当然这需要艺人之间的长期磨合。比如，前场指出后场二胡拉错了，就说"两节"；大锣敲错了，就说"大响"。

还处在学习阶段的徒弟，除了担任后场的鼓板手，还要成为前场师父的助手，缺少某样道具、某个木偶角色等，须随时取递，如正处于演出过程中，就要听师父的暗语指示。比如，师父需要武器，就说"清风"；木偶头拿错了，就说"木郎"；木偶换衣服，就说"脱产"。

定海木偶戏艺人侯雅飞常说布袋木偶戏的表演是"九腔十八调一张口，千军万马一双手"，但唱腔又必须符合木偶的表演和喜、怒、哀、乐的变化，让假人表现出真人的感情来。

（四）乐手和乐器

乐手，即后场的乐器伴奏者，可分为由两人组合的"两档"和三人组合的"三档"。两档，一为主伴奏，一为副伴奏。主伴奏演奏二胡、小鼓、小锣、唢呐（俗称"梅花"）、鼓板，副伴奏演奏三弦、大锣、钹（又称"闹钹""镲子"）。三档，则增加演奏鼓板的一人，共三人。后场除了负责各自的乐器之外，还要配合主演模拟兵士对主将的应答之声，出征前士兵的呐喊之声等（图2-4至图2-6）。

图2-4 郑明祥戏班后场乐器伴奏实景（右一为郑明祥）

图2-5 主伴奏使用的乐器

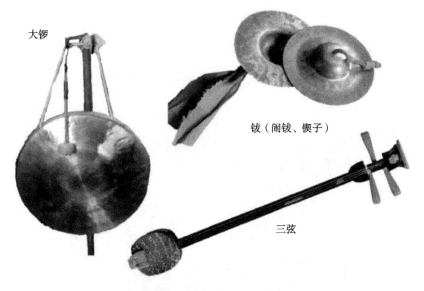

图2-6　副伴奏使用的乐器

　　前场一人、后场两人的组班方式比较普遍，但有时也会出现后场三人的情况。这后场第三人专门负责鼓板。鼓板是两块板的合称，一块是用紫檀制成的"的板"，一块是由樟木制成的"笃板"，因敲击时各自发出不同"的""笃"之音而得名，"的板"和"笃板"组合使用，用木棍敲击。鼓板在木偶戏班中是一种重要的打击乐器，两档组合的，则由主伴奏负责，三档组合的，则由一人专门敲鼓板。三档组合一般有三个原因：第一，安插学徒，令其在实践中熟练掌握鼓点、节奏，与主演、主伴奏和副伴奏的配合。学徒学艺之初，熟练使用鼓板非常关键，不管是说唱操偶还是乐器伴奏，掌握鼓点和节奏都是基本功夫，是木偶戏入门之关键；第二，安插退演的老师父。老师父退演之后，没有了经济来源，在戏班中安插一个比较轻松的位置，令其可以名正言顺地分配到一部分戏金，这里有赡养老艺人之因素；第三，三档组合，能减轻主伴奏的演奏压力。

前场另有块主演专用的"笃板",绑扎于台沿内侧的右边角,可根据自己的说唱习惯有节奏地敲击,一般来说,丑角说白之时使用较多。笃板没有专用的敲击工具,为顺手、方便则以插彩棒代替(图2-7)。

图2-7 绑于台沿内侧右边角的"笃板"

三、结语

综上可见,舟山布袋戏仍然坚守着传统戏台和古朴的表演形态,使之成为浙东地区传统木偶戏的典型代表。在浙东地区,如宁波、台州等地中华人民共和国成立前有很多民间木偶戏班,但中华人民共和国成立以后,随着现代化城市的迅速崛起,这些民间戏班因缺乏演出市场而迅速减少并消失,而舟山群岛的地理位置比较特殊,交通不便所带来的缓慢的城市化进程,反而为民间艺术的传承营造了良好的空间。但是,随着海洋鱼类资源的减少和岛民生活的变迁,演出市场大量减少,小岛上不再有木偶戏班进出,大岛上演出形式和目的也在逐渐发生变化，很多戏班陷入后继无人、生存艰难的状态。

2009 年舟山布袋戏被列入浙江省非物质文化遗产保护项目名列，此后其传承和保护问题也得到省、市级地方政府和有关部门的关注。但是，十多年来相关的学术著作和论文所出不多，因此笔者认为从专业的角度对其进行抢救、整理与研究的工作亟待进行。

注释：

① 该图以定海紫薇侯家班的戏台作为模型绘制，戏台各部位名称由笔者重注。

② 那，那么。在舟山方言中常用作句首连词，表顺承，有时可完全忽略。

③ 方言虚词，意思可忽略。

④ 向对方确认，希望得到对方认可。

参考文献：

[1] 陈训正，马瀛.《定海县志》[M].线装本，1924.

[2] 马场英子.《浙江省舟山の人形芝居—侯家一座と〈李三娘（白兔記）〉》[M].风响社，2011.

舟山民间信仰场所的历史记忆

楼正豪

（浙江海洋大学东海发展研究院）

一、绪言

舟山群岛位于浙东的茫茫大海之中，其地名最早出现于春秋时代的史书中。周元王四年（473），越王勾践击败吴王夫差，欲将其流放至东海上荒凉的小岛，于是《国语·越语》称："请达王甬句东"，《左传·哀公二十二年》称："请使吴王居甬东"，"甬句东"与"甬东"便是舟山最早的地名。根据《史记·吴太伯世家》，夫差没有去甬东苟活，而是当场自刭。这证明先秦时代舟山在人们的认识中还只是边远流配之地，其上居民除了蒙昧的野人外，其余便是服刑的罪犯。直到唐开元二十六年（738），中央政府在此设翁山县，舟山首次被纳入国家编制。然而在二十五年后的安史之乱中，翁山出现反唐起义，独立县置被撤废，划归明州鄞县管辖。直到北宋熙宁六年（1073），王安石奏请朝廷在舟山复建县置，而称"昌国县"。[①]此时的舟山才真正由化外之地成为受到国家重视的海中巨障。

元世祖至元十五年（1278）昌国县升为昌国州。明洪武二年（1369）复为昌国县，十七年（1384）因昌国为"东南控海之地"而置"昌国卫"。[②]两年后的洪武十九年（1386），明朝廷就以"悬居海岛，易生寇盗"为由，废昌国县，仅存五百户，移其他居民于内地。此后倭寇海匪长期窃据舟山，成为明朝一大祸患。清顺治八年（1651），清军围剿舟山，攻破定海城，四年后的清顺治十二年（1655），张名振、张苍水收复舟山。次年，宁海大将军伊尔德又占领定海，以"舟山不可守"之由，将百姓再次内迁。从顺治十三年（1656）至康熙二十二年（1683）这近三十年间，清朝实施严厉的迁海政策，中国东南沿海处于海荒状态。直到清康熙二十三年（1684）开放海禁，二十六年（1687）舟山重新建县，置兵镇守，改称为"定海县"[③]。虽然舟山一词古来已久，中华人民共和国成立之后才成为群岛的正式总称，由舟山专区到舟山县，再到1987年建舟山市，下辖定海、普陀两区和岱山、嵊泗两县，共计1390个大小岛屿。

舟山如今虽是浙江自贸试验区，但前往宁波的跨海大桥于2009年才正式全线贯通。此前的舟山一直与陆地隔海相望，交通十分不便。闭塞的地理环境使舟山群岛形成不同于陆地的海岛文化，风土人情皆有自身特色。从古至今，遍布在舟山群岛各岛屿上的民间信仰场所就是舟山独特地域风情的显著体现，其数量之多在中国其他省市中比较罕见。

舟山市民宗局与地方各级民宗管理部门与笔者所在的研究团队合作，对舟山群岛规范的民间信仰场所进行调查，采集到两区四县共377所民间信仰场所的主要信息，包括定海区的116所、普陀区的105所、岱山县的 96 所，以及嵊泗县的 57 所。

本文以舟山民间信仰场所中所供奉的历史人物为中心，按照不同性质大致将其分为古圣先贤、祖先神灵、本地人物、抗争人物四大类型，试图通过对历史人物特点的分析，深入发掘舟山民间信仰场所承载的历史记忆，从而把握舟山古人的族群认同意识与地理位置的关系。最后以空间为坐标，揭示舟山民间信仰场所在大革命时期与抗日战争、解放战争中的所发挥的重要作用。

光绪《定海厅志》卷二十七《祠庙》中所载的舟山民间信仰场所今日多已不见，因方便起见，本研究仅以现存宫庙为基础，因而在统计所奉祀的历史人物方面，并不能反映舟山古代民间信仰之全貌。而且这些宫庙绝大多数为改革开放后重建，记载建置沿革的石碑等重要文物均不复存，其始建年代多由老者回忆而来，不足为信。所奉祀的真实历史人物历经千百年来，有的姓名已失而只称老爷，有的只知其名而不知事迹，有的在流传过程中已换姓改名，最后被人记住的多是历史上的显赫人物。本研究以有姓氏的人物为标准进行选择，在 377 所民间信仰场所供奉的神灵中，共挑出古圣先贤 21 位（商代忠义五将军算作 1 位，桃园三兄弟算作 1 位）、祖先神灵 6 位、本地人物 18 位、抗争人物 26 位（抗英八烈士算作 1 位），共计 71 位历史人物作为考察对象。

二、古圣先贤：舟山民间信仰场所中的华夏意识

舟山民间信仰场所奉祀的古圣先贤，指没有到过舟山的历史人物，为何舟山会保存有他们的历史记忆，需从古代舟山居民的心理特征入

手分析。我们可将这些人物分成古代帝王（神农、虞舜、夏禹、唐太宗）、忠义名臣（忠义五将军、鲍叔牙、伍子胥、孔子、范蠡、杨震、桃园三兄弟、寿良、郭子仪、范仲淹、包拯、张居正）、勇猛武将（殷开山、薛仁贵）、神医神术（扁鹊、华佗、鬼谷子）。一个个人物其实作为文化符号，反映出舟山先民心中的憧憬与向往（表2-1）。

表2-1 舟山民间信仰场所中的古圣先贤一览表

时代	神灵	供奉场所	地址	始建	备注
上古	神农	天医宫	普陀区（六横岛）	不详	——
上古	虞舜	大舜庙	岱山县	清康熙	——
上古	夏禹	西庄庙	普陀区	清	
		禹王庙	岱山县	清嘉庆	民国《岱山镇志》
商	忠义五将军	都神殿	岱山县	清道光	民国《岱山镇志》
春秋	鲍叔牙（前716—前644）	青山庙	普陀区（六横岛）	清嘉庆	——
春秋	伍子胥（前559—前484）	凝波庙	普陀区（六横岛）	清乾隆	——
春秋	孔子（前551—前479）	坛聚庙（辅神）	定海区	清	——
		太平庙（辅神）	岱山县	不详	——
		文昌宫（辅神）	岱山县	清光绪	——
		四海龙王宫（辅神）	岱山县（衢山岛）	清嘉庆	
		二圣宫（辅神）	岱山县（衢山岛）	清道光	
春秋	范蠡（前536—前448）	财神殿	岱山县（长涂岛）	清道光	——
战国	扁鹊（前407—前310）	天医宫（辅神）	普陀区（六横岛）	不详	——

续表

时代	神灵	供奉场所	地址	始建	备注
战国	鬼谷子	灵应庙	普陀区（六横岛）	清雍正	—
东汉	杨震（？—124）	田岙庙	普陀区（六横岛）	清乾隆	—
三国	华佗（145—208）	埠头庙	定海区	清乾隆	供奉华佗之处太多，这里只记主神场所
三国	刘备（161—223）、关羽（160—220）、张飞（166—221）	三圣宫	岱山县（衢山岛）	清乾隆	—
西晋	寿良	永亨庙	普陀区（六横岛）	清雍正	—
唐	殷开山（？—622）	朝圣庙	普陀区（六横岛）	清光绪	—
唐	李世民（599—649）	四旋庙	岱山县（秀山岛）	清乾隆	—
唐	薛仁贵（614—683）	保安庙	定海区	清	
		白庙宫	岱山县（衢山岛）	清康熙	
		双珠山庙	普陀区（六横岛）	清雍正	—
		双塘庙	普陀区（六横岛）	清	有人说主神为民间传说中的薛仁贵之子薛丁山
唐	郭子仪（697—781）	金井庙	定海区（金塘岛）	清康熙	光绪《定海厅志·金井庙碑记》。建有郭子仪纪念馆
北宋	范仲淹（989—1052）	坛聚庙	定海区	清	—
		余府庙	普陀区	明?	

续表

时代	神灵	供奉场所	地址	始建	备注
北宋	包拯 （999—1062）	天王庙	普陀区 （六横岛）	清	—
明	张居正 （1525—1582）	张府庙	普陀区 （六横岛）	清乾隆	—

神农、虞舜、夏禹是上古首领，唐太宗则为一代明君。神农发明农业、制作炊具、分辨草药，被后世附会成炎帝，与黄帝共败蚩尤，奠定华夏根基；虞舜选贤任能、巡狩四方、整顿礼制，使八方宾服；夏禹治理滔天洪水、划定九州版图，建立了中国历史上首个王朝——夏朝；[④]唐太宗在文治武功方面均有建树，于国内开创贞观之治，向外开疆拓土，被少数民族称作"天可汗"。他们都是农业社会的保护者。而在古代舟山，主要供奉这些帝王的岱山居民应以晒盐打鱼为生，"岱山出产以盐为大宗"[⑤]"元时渔业已渐发达"[⑥]。但崇拜中原君主的重要缘由是心向中土，表明自己也是华夏农耕文明的一部分，这从他们所供奉的忠义名臣身上更能体现出来。

忠义五将军具体不知姓名，传为商朝因劝诫纣王而被杀的五位忠臣；鲍叔牙举荐管仲，辅佐齐桓公成为春秋时代第一位霸主；[⑦]伍子胥虽背弃祖国楚国来到吴国，但对吴王夫差忠心耿耿，终因劝谏吴王而被赐死；[⑧]孔子为恢复周礼而周游列国，但其仁与礼教的治国学说在礼崩乐坏的春秋无法实行，只能回到鲁国著书立说，为后世尊为至圣先师[⑨]；范蠡助越王勾践灭吴，功成名就之后急流勇退，从兵家奇才终成商业鼻祖；[⑩]杨震为东汉安帝司徒，他清正廉洁，以拒收贿赂时所说"天知地知你知我知"而闻名；⑪刘、关、张三人为上报国家、下安黎庶结义于桃园，是身处乱世而欲图大业的英雄；寿良先为蜀汉主簿，后作西晋黄门侍郎，以为官勤政而著称；⑫郭子仪是平定唐朝安史之乱，克复两京的一等功臣。⑬所幸的是，关于清康熙年间金井庙修建碑记保留在光绪《定海厅志》中，使我们能够得知供奉郭子仪之缘由。碑记称："本境尊神，有唐之汾阳王也，历相玄、肃、代、德四宗而计安社稷，功盖寰宇，勋业烂焉。后人建祠祀之，所以食以老，定国之报也。"⑭人们供奉郭子仪，是感佩其定国安邦之功绩。范仲淹主持北宋庆历新政，有先天下之忧而忧，后天下之乐而乐的爱国情怀，为一代名相；⑮包拯是北宋龙图阁直学士，后获罪权知开封府，英明决断、铁面无私，被百姓奉为"包青天"；⑯张居正辅佐万历皇帝实行新政，效忠国事，自身劳瘁而死，但延长了大明国祚。⑰

这些名臣虽未到过舟山，但是他们所展现的忠君报国行为与儒家仁义礼智信精神，为舟山百姓认同，而被永远奉祀。供奉他们的民间信仰场所不仅位于定海主岛，大部分还在诸如六横、长涂、衢山等离岛之上。证明舟山群岛虽然悬居东海，但并不孤立于大陆，岛上居民深受儒家文化影响，与大陆子民同归属一个中央王朝。众所周知，舟山从唐开元年间设立翁山县才首次被编入国家县置，但不久即被废，直到三百年后的北宋熙宁时期才复置昌国县。然而至明清时代，由于海禁，居民几次内迁，舟山又成荒岛。从历史上看，舟山地处边缘，不时便被中央王朝遗弃，常游离于国家编制之外，但从民间信仰场所供奉的忠义名臣而观，舟山古人十分强调自身的华夏身份，这些被尊神的历史人物寄托了舟山百姓永远能为中原王朝尽忠之愿望，也表达出身处边缘海岛的族群认同危机。

最后，舟山民间信仰场所奉祀的历史人物还包括怀有一技之长的武将、医者及神人，舟山古人很可能通过民间戏艺、演义小说而接触到他们。殷开山是唐朝开国功臣，随李渊、李世民父子南征北战，后死在征讨河北刘黑闼之途中。⑱凌烟阁二十四功臣的事迹随小说《隋唐演义》广为流传，殷开山也作为京剧《断密涧》《沙桥饯别》《双投唐》等曲目的主人公而家喻户晓。薛仁贵"三箭定天山""神勇收辽东"等事迹尽书于《薛仁贵征东》等小说中，他与所虚构出的其子薛丁山、其孙薛刚的形象更出现于中华各地戏曲评书之中，舟山将薛仁贵作为主神供奉的民间信仰场所竟达4座，可见舟山居民对他的喜爱。尊扁鹊、华佗为神，表达出百姓祈求健康的普遍心态。鬼谷子是战国纵横家的鼻祖，又通奇门遁甲，鬼神不测，因小说《东周列国志》和京剧《马陵道》而深入人心，供奉鬼谷子，是为签占卜卦获得灵验，反映人们想要通过预测未来而寻求安心的思想。

从舟山民间信仰场所奉祀的古圣先贤之中，我们可总结出的古代舟山居民信仰特点如下：首先，供奉古代中原帝王，表现出舟山先民虽身处海岛却极力欲融入华夏正统的姿态。其次，供奉忠义名臣，反映出舟山先民即便游离于国家编制之外，也对中央怀抱忠心，以华夏之人自居的心态。最后，供奉拥有一技之长的历史人物，表达出舟山先民欲借他们的神力来满足心中愿望的一般人类心理。

三、亦神亦祖：舟山民间信仰场所中的祖先崇拜

明清时代的三次遣迁，使舟山境内几成荒岛，现代的舟山居民多是清康熙二十二年（1683）十月颁布"展海令"后招民开垦，入岛定居的先祖后代。入迁者多来自镇海、鄞县（今宁波鄞州区）、慈溪、奉化等地，[19]台州、温州等地居民亦不断迁至舟山，少数来自外省。[20]

本研究认定舟山民间信仰场所奉祀的神灵为当地居民祖先的理由有两类，一是根据口传资料，其人在舟山生活并繁衍子嗣，二是其后代在历史上迁居舟山。这6位祖先神灵中，3位是有文献可考的人物（钱镠、余天锡、夏言），3位是口传的本地人物（郭公、蒋公、梅林老爷）（表2-2）。

表2-2　舟山民间信仰场所中的祖先神灵一览表

时代	神灵	供奉场所	地址	始建	备注
五代十国	钱镠（852—932）	钱王庙	定海区	清道光	—
南宋	余天锡（1180—1241）	甘溪庙	定海区	明	兼祀清代小展余氏祖先余顺茂。康熙《定海县志》
元	郭公	郭公庙	定海区	元	—
明	夏言（1482—1548）	花岩庙	定海区	明	兼祀夏氏祖先
清	蒋公	广德庙	定海区（金塘岛）	清康熙	—
清	梅林老爷	梅林庙	岱山县（长涂岛）	清?	—

钱镠是"五代十国"之一吴越国的创始者，在他的治理下，浙江人

民富庶殷实、安居乐业。建隆元年（960）赵匡胤建立宋朝，钱镠之孙钱弘俶为保全一方、纳土称臣，[21]浙江百姓感念钱氏家族恩德，在浙江各地建有钱王祠。舟山群岛当时悬居海外，不受吴越国管辖，舟山的钱王庙应是迁此的钱王后裔为祖先而建。北门钱家是清代定海富贵人家，根据宁波东湖镇《鄞东华家岙钱氏宗谱》载："鄞东华家岙钱氏，从钱家山迁入，武肃王十七世孙信祥公之弟祥廿六世公为第一始祖，迁至舟山者孝五也"[22]，明确说孝字辈排行第五者迁居舟山，但不知在何时，与定海北门钱家的关系也未详。民国《定海县志》载，清咸丰年间，居于舟山的吴越王后裔钱学焕曾收藏有一座钱氏家传宝塔，[23]也证明舟山有钱王后人。钱王庙由钱氏家族修建的可能性很大，但是否与钱镠有血缘关系确无明证。现在重建新庙的捐款者也多为钱氏子孙。

余天锡出生于南宋昌国县甬东村，官至参知政事兼同知枢密院事，是在中央做官职位最高的古代舟山人。在家乡定海创虹桥书院，收贫寒子弟入学；举办义仓，济同族穷困户；与弟天任建大余桥、小余桥，便利行人，声誉著乡里。[24]据康熙《定海县志》载："余太师墓，城东北小展岙南，宋余天锡葬焉。"[25]供奉余天锡的甘溪庙也位于白泉镇小展社区，并有余氏族人聚居于此。明朝初舟山"海禁"曾迫使他们迁入宁波鄞县梅湖，康熙颁布"展海令"后，余顺茂又回到祖居之地，成为小展余氏始祖，甘溪庙中亦供有他的神像。

夏言曾为明朝嘉靖时期的内阁首辅，受严嵩（1480—1567）父子迫害致死。[28]据传夏言从子夏克承、从孙夏庆朝南逃至舟山烟墩乡避祸。严嵩倒台后，夏言后代为纪念祖先，建起了这座花岩庙。定海西乡夏姓居民不少，自认夏言为祖先。[27] 花岩庙负责人亦为夏氏后人。但与夏言之确切关系因无史料记载，尚待考证。

此外，郭公、蒋公、梅林老爷为当地百姓先祖之说均自口传。据传郭公为郭子仪之后，宋末元初时其家族为避战火逃至舟山定海干览。郭公精通医道，为人看病；乐善好施，兴办私塾；筑碶修路，造福百姓。后人感其恩德，将私塾改为郭公庙，命山名为郭公山。郭公后代在舟山繁衍情况不详。金塘岛的广福庙为蒋氏祖庙，其所供蒋氏三公不知具体姓名，据传康熙年间蒋氏族人由宁波慈溪迁至金塘，其后代谱系不明。岱山大长涂岛梅林庙中所供奉的梅林老爷据说是位不知于何朝至舟山避难的大将军，在此繁衍子嗣，现子孙无考。

综上所述，可总结供奉祖先神灵的舟山民间信仰场所特点如下：首先，作为明确的祖先庙场所数量极少。舟山百姓经历多次被迫迁徙内地之过程，很少存在像余天锡家族一般在舟山拥有悠久祖先记忆的家族。而现居民多为清康熙二十二年（1683）后迁入，多非显赫家门，又因文化水平较低，再加上后人多已不存，对于祖先的记忆十分模糊。其次，这些舟山民间信仰场所绝大多数重建于"文化大革命"之后，文化传承中间断层，所以不能明确先祖姓名。舟山民间信仰场所中供奉最多的是不知名姓的老爷菩萨，其中也应包括祖先神灵。最后，在大陆生灵涂炭之际入舟山避祸的家族很多，只有身份高贵或有造福于民之举才多被后世奉祀。供奉钱镠与夏言，对于生活在边缘海岛的古代舟山居民而言，存在为抬高门第而冒称祖先的嫌疑。

四、恩德永记：舟山民间信仰场所中的本地人物

盖凡有德于民者则享庙食，百代千秋若然，舟山民间信仰场所中的18位本地人物皆有恩于舟山，受到百姓永远的怀念。本地人物与祖先神灵的重要区别是他们并非在舟山出生成长，而是后来因各种缘由曾来舟山居住。这些人物也可分为两类，5位是有文献可考的人物（葛玄、陈稜、王安石、干文传、缪燧），其余13位为口传人物（高天香、茹侯、陈炯、司社公、陈财伯、徐老爷、何老相公、曹老爷、常智秋、陈光法、范增、庄公、王老爷）（表2-3）。

表2-3　舟山民间信仰场所中的本地人物一览表

时代	神灵	供奉场所	地址	始建	备注
秦	高天香	聚英庙	岱山县	明洪武	民国《岱山镇志》
东汉	葛玄（164—224）	葛仙庙	定海区	明嘉靖	—
		辅逸亭	岱山县（衢山岛）	清光绪	兼祀葛洪
		复兴宫（辅神）	嵊泗县	清咸丰	
隋	陈稜	镇英庙	岱山县	北宋	民国《岱山镇志》
		陈君庙	岱山县	清咸丰	民国《岱山镇志》
唐	茹侯	老茹侯庙	定海区	唐	宋宝庆《昌国县志》，有学者认为茹侯是王叔通
北宋	王安石（1021—1086）	老太平庙	普陀区（六横岛）	清乾隆	—
		太平庙	普陀区（六横岛）	清乾隆	—
北宋	陈炯	永兴庙	岱山县	清咸丰	民国《岱山镇志》
宋元	司社公（1220—？）	司社庙	清乾隆	清乾隆	民国《岱山镇志》
元	干文传（1265—1343）	干大圣庙	定海区（金塘岛）	元	—

续表

时代	神灵	供奉场所	地址	始建	备注
清	缪燧 (1650—1716)	小沙大庙	定海区	清康熙	有缪燧纪念馆
清	陈财伯	财伯公庙	普陀区（东极岛）	清乾隆	—
清	徐老爷	正神庙	嵊泗县	清	—
清	何老相公	复兴宫	嵊泗县	清咸丰	—
清	曹老爷	永春庙	岱山县（长涂岛）	清道光	—
清	常智秋	海曙庙	岱山县	清道光	民国《岱山镇志》
清	陈光法 （又名陈忠坤）	陈圣庙	岱山县	清乾隆	民国《岱山镇志》
清	范增	西管庙	定海区	清顺治	—
清	庄公	庄公庙	普陀区（六横岛）	清道光	—
清	王老爷	王老爷宫	岱山县（衢山岛）	民国19年 (1930)	—

三国时的葛玄（164—224）喜好遨游山川，来过舟山只是传说。据宋宝庆《四明志》载，宋乾道年间（1165—1173）有耕者在翁山下挖出一尊炼丹铜鼎，[28]便附会为葛玄曾在此修道成仙。大概由于孙权曾三请葛玄入东吴，[29]浙江百姓才轻易联想到葛玄。舟山有翁山、瀛洲之称据说与葛仙翁有关，但无确证。[30]舟山历史上供奉葛玄及其侄孙葛洪（284—364）的庙宇众多，表达出民众祈求仙官赐福、健康平安之心愿。

岱山今有两座供奉陈稜的民间信仰场所。据民国《岱山镇志》载，岱山东北有叫刑马礁的隋代遗迹，[31]相传隋大将军陈稜奉隋炀帝之命征伐流求时，领兵经过岱山，[32]曾于此杀马祭神。流求指台湾还是今日本冲绳县的琉球王国尚有争议。元大德《昌国州图志》载，宋时岱山就建有纪念陈稜的陈大王庙。[33]陈稜信仰表达了舟山先民对英雄的敬仰与追忆。

供奉王安石的民间信仰场所均位于舟山六横岛上，这位北宋著名宰相于庆历七年（1047）至皇祐二年（1050）担任过四年鄞县知县。据说他曾视察舟山，多次造访六横岛，主持筑造海塘、疏通河道，并赋诗《题回峰寺》《收盐》《咏菊》等，但无可靠史料。[34] 熙宁六年（1073），已成为同中书门下平章事的王安石奏请朝廷批准在旧翁山县地重置县治，定名昌国。昌国县的建立极大地推动了舟山的渔盐业生产与教育事业的发展，光绪《定海厅志》有"岱山以渔盐为主，宋时称盛"的评语，[35] 复县建治是"称盛"的重要因素，王安石因而得到舟山人民的永怀。

干文传是苏州人，元延祐四年（1317）授昌国州同知。到任后，兴儒学、建书院，以发展文教为己任。又革除盐政弊端，制订"助役法"，对百姓以推诚宽厚为本，百姓称之为"圣人"。离任时，民众攀辕遮道，如失父母。[36] 定海城关、紫微和金塘等地民众并建庙纪念，现存金塘岛的干大圣庙。

缪燧是江阴人，清康熙三十四年（1695）起，任定海知县达二十二年之久。他捍卤蓄淡、筑塘围涂；减免赋税、兴学育人；编修县志，巡视海疆。全国郡县考绩，缪燧被列为一等知县。升宁波海防总捕同知、代理宁波知府，兼任定、鄞、慈、镇四县知县，病逝于镇海县署。定海百姓巷哭途号，吁请留葬定海，礼部决断留葬衣冠冢。[37] 建于康熙五十一年（1712）前后的小沙大庙本是为缪燧建的生祠，缪公坚持不受，只得改称大庙。光绪年间，康有为题大庙正殿额曰："敬恭桑梓"，后在"文化大革命"期间被毁。舟山人民感念缪公恩泽，又于1988年重建。[38]

其余15位人物便都出自舟山本地传说。高天香被供奉于岱山聚英庙中，民国《岱山镇志》载，民国时期由方士降乩，得知尊神名高天香，本云南昆阳人，秦二世三年（前207）至岱山。此说荒诞至极，不足为信。[39]

茹侯是定海的城隍菩萨，宋宝庆《四明志》称其"英烈忠毅，生有殊绩""唐开元广德年间尝宦于瀛州侯"。死后乡人为其建祠，称为"茹侯祠"。[40]有学者认为茹侯就是唐开元二十六年（738）首任翁山县令，同时兼任鄮县县令。

据传岱山永兴庙所供陈炯，于北宋政和年间考中武举进士，奉旨领兵来岱护洋征盗，扎营南峰。在嵊泗、大小洋山、岱衢、东极、长途等岛，平定盗匪后凯歌回朝，有功于民，受到永世奉祀。

岱山司社庙中所奉司社公不知其姓名，据传于南宋宝祐二年（1254）奉旨来岱巡视。民国《岱山镇志》载："神能医目，居民以目疾求医者踵相接"，[41]民感其德立庙祀之。

东极岛上财伯公庙里供奉的陈财伯，不知其生活年代，据说是福建的一个渔民，因遇暴风漂流至东极岛。他善观气象变化，一发现有风暴来临，便在岛上山顶点起火堆为海上渔民报警。年长日久，人们认为是菩萨所点的神火。陈财伯去世后，人们为其立庙，感恩他的大爱精神。

嵊泗黄龙岛正神庙中所供徐老爷据称是位专治疑难杂症的名医，对穷苦百姓分文不取，死后称神，同样称神的还有黄龙岛复兴宫的何老相公；岱山大长涂岛永春庙的曹老爷不知何时来到岛上，指导百姓于近海土地中耕种，死后称神；岱山海曙庙所奉常智秋据传原为宫廷御医，后来做了东海龙王三女婿，不知何因至岱山岛而被封神；岱山陈圣庙所供陈光法是位医师，长年奔波于偏远小岛与乡野之间为人解除病痛，在一次海难中离世，全岛村民为其建庙塑像而铭记之；定海的西管庙是为纪念一位叫范增的地方官员而立；六横岛庄公庙中庄公之来历颇为离奇，据说有一年海边漂来一口棺材，里面的尸体身着官服，并写有"庄"字，村民认为是吉兆便建庙供奉[@]；岱山衢山岛中所供王老爷据传是清末民初衢山唯一的郎中，有仁心仁术之德，死后坟前常有药材味道，百姓为之建庙。

综上所述，可总结舟山本地人物信仰特点如下：首先，受后世奉祀的本地人物多于祖先神灵。祖先神灵与本地人物两者并没有清晰界限，很多祖先神灵的护佑范围后来都从一族扩大至整个乡村社会，从而变为本地神灵，故而本地神灵的数量会增多。祖先神灵的数量也会随着后代的迁徙或香火中断而减少。其次，以缪燧为界，之前多为文献可考的历史人物，之后为口传人物，年代久远的历史记载反而丰富。其原因大概是舟山居民多为清康熙二十二年（1683）"展海令"后而迁入，他们无法传承关于之前海岛的辉煌往事或人物踪迹的记忆，只能凭借方志史书和本地遗迹来恢复海岛过去的历史，史料所载多是著名人物，因此时代愈久远而人物形象愈明晰。康熙之后的两百多年间，具有全国影响力的人物极少亲临舟山，所以民间信仰场所供奉的本地人物多是普通平民。最后，本地人物能被民众铭记的主要原因一方面是为官造福百姓，一方面是行医救治病人，海岛神灵还有显著的地方特色是如陈炯那样生前扫除海盗、如陈财伯那般保护渔民，还有如曹老爷一样指挥海岛粮食生产。

五、抗争记忆：舟山民间信仰场所中的家国情怀

（一）抗辽、抗金

舟山在两宋交替之间有过一段抗金的历史记忆。宋建炎元年（1127），徽钦二宗被金人掳去北方而北宋灭亡，史称"靖康之变"。同年赵构在南京应天府（今河南商丘）即位，改元建炎，成为南宋首位皇帝——宋高宗。迫于形势压力，政权还未巩固，赵构便不得已而放弃中原，在金军的追袭之下一路南逃。从扬州、镇江、杭州，一直到绍兴、宁波，最后渡海避居于舟山。赵构一行先于岑港上岛，然后向岛深处的群山峻岭躲避，紫微乡地名的出现便与此有关。光绪《定海厅志》载："（宋家尖山）宋建炎三年（1129），宋高宗赵构避金兵入海，曾泊此登岸，故更名紫微。"㊸当金兵攻破绍兴后，直逼宁波，赵构顿觉舟山不再安全，于是继续向温州、台州一带的海上避难。金兵是否登陆舟山正史无载，明天启《舟山志》寺观道隆观条记录称："建炎间，金虏追高宗于此登岸，砍殿，柱血流，虏畏，道去。境借以安。"㊹（表2-4）

表2-4　舟山民间信仰场所中的抗辽、抗金人物一览表

时代	神灵	供奉场所	地址	始建	备注
北宋	赵匡胤 （927—976）	岑港大庙	定海区	南宋	—
北宋	高怀德 （926—982）	坛聚庙 （辅神）	定海区	清	—
北宋	杨业 （？—986）	中和庙	定海区	清康熙	—

时代	神灵	供奉场所	地址	始建	备注
北宋	杨延昭 (958—1014)	杨府殿	嵊泗县 (枸杞岛)	清光绪	—
北宋	焦延贵 (杨门女将)	焦府庙	普陀区 (六横岛)	明末清初	虚构历史人物
北宋	韩世忠 (1090—1151)	平和庙	普陀区	清嘉庆	—
北宋	尹福	寿山庙	定海区	南宋?	—

定海岑港大庙与坛聚庙中所供奉的赵匡胤、高怀德没有来过舟山，大概是随高宗南下、流离失所逃至舟山的大宋百姓，将宋太祖与助太祖黄袍加身的开国一等功臣高怀德塑像供奉，以表达对故土的怀念。定海中和庙中所奉杨业、枸杞岛杨府殿所奉杨延昭，以及六横岛焦府庙里所奉杨家将故事中的虚构人物——杨门女将焦延贵都是宋初抗辽名将，他们的身上都寄托了舟山先民对于外敌的抗争精神。

平和庙中所奉韩世忠是护送宋高宗一路南逃的得力大将，在指挥的无数场抗金战役中，以黄天荡之战最为著名。黄天荡大捷使金兵止于南京而不敢南渡长江，保住了南宋的半壁江山，韩世忠因而深得宋朝人民之崇敬。[45]

寿山庙里奉祀的尹福在正史中无载，根据传说尹福为南宋吏部侍郎，与其子一同在明州海域发生的抗金战斗中壮烈阵亡。朝廷念其忠君爱国，特敕封为"寿山侯"并建庙以祀。尹公父子牺牲之地距舟山甚近，舟山因而会有寿山侯信仰。

（二）抗元

舟山历史上没有发生过抗元斗争，却有三处奉祀抗元人物的民间信仰场所，大概与他们都因抗击外敌而漂流海上的经历有关。嵊泗县上宫与六横岛岐山庙中奉祀着南宋抗元名将张世杰和文天祥，德祐元年（1275）元军迫临安，张世杰与文天祥主张背城决战，为议和派所阻。张世杰护送益王、广王至金华、温州、福州，率部与元决战海上，从宁波镇海至江门崖山，经历几年的顽强抗争，后在阳江广东突围时，遭遇台风，舟覆溺亡。[46]元军攻占临安后，时任右丞相的文天祥拒绝议和，被元军押解北上，中途逃归，与张世杰在福州拥立益王赵昰为帝，后在南方聚兵抗元，后在广东海丰被俘，宁死不屈而在元大都就义。[47]高显庙中所供高霖之生平，据民国《岱山镇志》载，高霖本粤人，宋元纷争之际于岱山击盗，返乡作番禺知县，后为奸所害。[48]因靠降乩而知，故荒诞不经（表2-5）。

表2-5　舟山民间信仰场所中的抗元人物一览表

时代	神灵	供奉场所	地址	始建	备注
南宋	张世杰（？—1279）	上宫	嵊泗县	20世纪50年代	自宁波分灵
南宋	文天祥（1236—1283）	岐山庙	普陀区（六横岛）	清嘉庆	—
宋元	高霖（1266—？）	高显庙	岱山县	清康熙	民国《岱山镇志》

（三）抗倭

明代初年便有倭寇滋扰舟山，于嘉靖年间（1522—1566）最为猖獗，胡宗宪《筹海图编》称："自倭奴入寇东南，惟浙为甚，浙受祸惟宁、台、温为最甚。"[49]在倭寇肆虐的局势下，明朝廷派遣一批有为之士来到舟山抗倭一线。舟山民间信仰场所中的11位抗倭人物也可分为两类，3位是有文献可考的人物（胡宗宪、戚继光、裘兆锦），其余8位为口传人物（徐将军、闵溶、吴德四、杨德明、石泉元、姚忠、姚富、白将军），有趣的是一面抗倭战争中所使用的大旗也被作为神灵供奉（表2-6）。

表2-6　舟山民间信仰场所中的抗倭人物一览表

时代	神灵	供奉场所	地址	始建	备注
明	徐将军	徐达将军宫	嵊泗县	不详	被误传为徐达（1332—1385）
明	胡宗宪（1512—1565）	淡水庙	岱山县	明嘉靖	—
明	大旗	大旗庙	普陀区（六横岛）	明嘉靖	与朱纨、卢镗抗倭有关
明	戚继光（1528—1588）	戚家庙	定海区	明万历	—
		广惠君庙	定海区（金塘岛）	宋绍兴	原祀广德张王，后人在前殿立戚继光像
		永安庙	定海区（金塘岛）	清乾隆	—
		参府庙	岱山县（长涂岛）	明嘉靖	—
		淡水庙（辅神）	岱山县	明嘉靖	—
明	裘兆锦	福德庙	定海区	明崇祯	—
明	杨德明	莲花庙	定海区	明嘉靖	—
明	闵溶、义士吴德四	军廷庙	定海区	明万历	—
明	石泉元	运司庙	岱山县	清雍正	民国《岱山镇志》
明	姚忠、姚富	新白鹤庙	普陀区（桃花岛）	清乾隆	光绪《定海厅志》
		老白鹤庙	普陀区（桃花岛）	明万历	光绪《定海厅志》

续表

时代	神灵	供奉场所	地址	始建	备注
明?	白将军	英峙庙	岱山县 (秀山岛)	清	—
		莲花庙	岱山县 (秀山岛)	清	光绪《定海厅志》

　　岱山淡水庙中所祀的胡宗宪是明朝抗倭主将，其在担任浙江巡按监察御史不久便视察舟山，向朝廷上呈《舟山论》的策论，强调舟山应加强海防。《明史·日本传》载："嘉靖三十二年（1553）三月，汪直勾诸倭大举入寇，连舰数百，蔽海而至。浙东、西，江南、北，滨海数千里，同时告警，破昌国卫。"汪直等人在舟山横行肆掠达二十多处，停留时间有三个月之久，"时胡宗宪为总督……计降汪直"。⑤⑩胡宗宪在舟山甚至整个东南沿海的抗倭史上战绩斐然，⑤⑪明代谈迁撰写的编年体史书《国榷》对胡宗宪的评价是："东南数百年免倭患，皆其再造力也，抑公可谓社稷臣矣。"⑤⑫

　　六横岛大旗庙中所供大旗，据说与朱纨、卢镗捣毁双屿港有关。15 世纪初，为寻找殖民地、黄金财富与廉价劳动力，以葡萄牙、西班牙为首的西欧诸国掀起了开辟海上新航路的探险热潮。葡萄牙人于明嘉靖五年（1526）窜至福建、浙江沿海，以舟山双屿港为据点开展走私贸易并在附近进行劫掠活动，据考证双屿港位于今六横岛。双屿港的葡萄牙人通过中国商人收购大量棉布、丝绸、湖丝，再雇用各国船员贩运至日本，后来日本人直接进入双屿港参与买卖，从而聚集了一股倭寇势力。⑤⑬二十余年后的嘉靖二十七年（1548），明中央朝廷为剿灭倭寇，设置"闽浙军务提督"，时任提督兼浙江巡抚的朱纨（1494—1550），指派福建都指挥卢镗（1505—1577）进攻双屿港，最后采取聚木石填塞港口之法，使"贼舟不得复入，而二十年盗贼渊薮之区，至是始空矣"。[54] 大旗庙中的大旗也许就是这次战役的遗物。

舟山历史上供奉戚继光的民间信仰场所极多，现存大概 6 所。戚继光出身将门世家，嘉靖年间任金浙江都司，充参将，镇守倭患最烈的宁波、绍兴、台州三郡。嘉靖三十七年（1558）倭寇首领汪直的义子毛海峰占据舟山岑港，胡宗宪下令戚继光、俞大猷、任锦等全方位围剿，一时难以歼灭，后"戚继光自请作先锋，以疲劳之计，克之"。[55] 岑港之役的胜利，代表了舟山抗倭斗争的基本结束。

福德庙中所供主神为裘兆锦。据康熙《定海县志》载，裘兆锦是慈溪人，明崇祯十一年（1638）由山东兖州府通判转宁绍参将，驻扎舟山。当时倭寇基本被荡平，而裘兆锦毫不放松对军队的训练。旱灾来临时，他又掏出俸禄募民为百姓浚河修碶，兴建水利工程。后升广东总兵官而调任，舟山人民感其德，立祠以祀。[56]

嵊泗县徐公岛徐达将军宫中所供奉的大概是一位明朝在此抗倭的徐姓将领，后被人误传为明朝开国将领徐达（1332—1385）；莲花庙中所供杨德明不见正史记载，传说曾任定海总兵，带领部将抗击倭寇，身先士卒，保卫一方平安；军廷庙中被作为主神供奉的闵溶在正史中有零星记载，[57] 在舟山口传故事中其形象更为丰满。据说其曾任观海卫指挥，与义士吴德四一起，于明嘉靖三十四年（1555）合攻舟山倭寇时双双战死[58]；岱山运司庙中所奉石泉元，据民国《岱山镇志》称，他为明初湖北汉阳人，带兵来舟山，[59] 其余情况无载；桃花岛上的新老两座白鹤庙里所供奉的是姚忠、姚富两兄弟，据当地民间传说，明万历年间镇海关总兵派副将姚忠、姚富驻守桃花乡，两人在抗倭中双双为国捐躯；秀山岛上的英峙庙、莲花庙中所供白将军不知其名，据传在明朝秀山抗倭中英勇牺牲。

（四）抗清

明崇祯十七年（1644），李自成率农民军攻入北京城，崇祯皇帝吊死在煤山，明朝灭亡。接着明将吴三桂引清兵入关，清兵占领大明江山，清朝定都北京。清初，东南沿海浙闽一带的反清复明斗争异常激烈。其中就有张苍水拥戴鲁王朱以海，从清顺治二年（1645）至康熙三年（1664）坚持抗清十九年的壮举。南明弘光政权仅持续一年，灭亡后，原任明朝刑部员外郎的张苍水拥立鲁王于绍兴建立监国政权，转战台州、福建，最后屯踞舟山作为抗清基地。从顺治七年（1650）起，清兵分多路进攻舟山，顺治八年（1651）张苍水保护鲁王入海出兵吴淞，希望能牵制清军主力，解除舟山危机。然而舟山最终沦陷，清兵几乎杀绝定海百姓，死难者被合葬于"同归域"。[⑩] 张苍水辅佐鲁王回到福建，又于顺治十二年（1655）同张名振合兵北伐，虽无功而返，但在回福建的路上，会同郑成功部将收复舟山。次年，在清军反扑下，舟山再次沦陷，鲁王只得南归福建投靠郑成功。顺治十五年（1658），南明永历帝封郑成功为延平郡王、张苍水为兵部左侍郎，两人又多次领军北攻浙江，均告失败，撤回厦门。康熙元年（1662），郑成功收复台湾、建立郑氏政权后抗清热情减弱，[⑪] 而张苍水独自领兵转战闽浙，坚持斗争。面对清廷数次招降，张苍水丝毫不为所动。康熙元年（1662），鲁王朱以海在贫病交加中逝于金门。康熙三年（1664），张苍水见大势已去，隐居于浙江象山的悬岙岛，是年被俘，于杭州就义。^⑫舟山基于以上这段抗清往事,所以至今犹有祭祀崇祯帝、张苍水与郑成功的多处民间信仰场所(表2-7)。

表2-7 舟山民间信仰场所中的抗清人物一览表

时代	神灵	供奉场所	地址	始建	备注
明	朱由检(1611—1644)	朱天庙	普陀区	清	—
明末清初	张苍水(1620—1664)	张公庙	普陀区(六横岛)	明末清初	—
		保宁庙	定海区	明	—
		张相宫	定海区	明末清初	—
明末清初	郑成功(1624—1662)	秤锤庙	定海区(金塘岛)	清道光	—

(五)抗英

自清康熙二十二年(1683)"展海"以来,便有英国商船至舟山、宁波一带活动。康熙三十七年(1698),清廷在定海置"红毛馆"专门处理洋商相关事务。乾隆五十七年(1792)英国派出特使马戛尔尼来华,提出开放宁波、舟山一带口岸,遭到乾隆帝拒绝。然而英国一直觊觎舟山,又于道光十四年(1834)派特使律劳卑来华重申租借舟山要求,再次遭拒后,英国决定强用武力。道光二十年(1840)六月,英国海军侵入广东海面,封锁珠江口,第一次鸦片战争爆发。七月,英国海军司令伯麦率军舰侵入定海港、炮攻定海城,四日之内英军强占定海城后大肆烧杀劫掠,定海人民奋起抗击。道光二十一年(1841)二月,定海三总兵葛云飞、王锡朋、郑国鸿领兵入城,打响第一次定海保卫战,最终赶走侵占舟山半年多的英军,收复了家园。九月下旬,英军再次侵犯舟山,三总兵率部英勇抗击,在第二次定海保卫战中三人同日壮烈殉国。中英开战以来,定海之抵抗最为有力,英军受创不小。定海失陷后,定海民众开始了长达五年的反侵略斗争，直到道光二十六年（1846）四月，中英双方签订《退还舟山条约》，规定"英军退还舟山后，大清永不以舟山等岛让给他国，舟山等岛若受他国侵伐，英王应为保护无虞"。六月，英军全部撤出舟山。⑧两次定海保卫战，在整个鸦片战争史中的地位举足轻重，舟山民众顽强抵抗，在中国近代史上谱下可歌可泣的一页。舟山除有专门纪念葛、王、郑三总兵的三忠祠之外，民间信仰场所中如六横岛上的平安庙中供奉有虎门销烟、严禁鸦片的林则徐，虾峙岛上的八公庙里祭祀着在抗英运动中牺牲的 8 位烈士（表 2-8）。

表 2-8 舟山民间信仰场所中的抗英人物一览表

时代	神灵	供奉场所	地址	始建	备注
清	林则徐 （1785—1850）	平安庙	普陀区（六横岛）	清道光	—
清	抗英八烈士	八公庙	普陀区（虾峙岛）	清	—

以上梳理了舟山民间信仰场所中所供奉的从抗辽、抗金、抗元、抗倭直到抗清、抗英的 26 位英雄人物，他们身上无不体现出一种浓烈的家国情怀，同时也体现了舟山先民对于和平安定生活的向往。我们可将舟山民间信仰场所中所保存的这些珍贵抗争记忆的特点总结如下：首先，舟山群岛特殊的地理位置决定了其作为中国海疆辕门的重要地位。当北方游牧民族南下时，汉族封建王朝政权以此为据点向内抵抗异族之统治，当西方列强来袭时，这里又是中国人最先需以生命来捍卫的国土边界。可以说，舟山虽面积不大，但却直接关系到中华民族的生死存亡。其次，虽然从明初开始，中央曾实行废县迁海政策，意图放弃舟山

这片领土，但舟山人民宁死不愿降服于外敌，永远以华夏之裔自居，坚守华夏边缘，这种爱国情怀在民间信仰场所中被不断传承。最后，在和平环境中，中央王朝很容易遗忘舟山这片土地，但舟山人民却时刻保持着忧患意识，曾经保卫舟山的抗争人物自然成为他们的精神支柱。在对英雄的缅怀中，以华夏之民自居的舟山百姓一方面凝聚起民族团结的力量，另一方面寄托了追求平安美好生活的愿景。

六、红色摇篮：舟山民间信仰场所中的革命精神

民国 16 年（1927）春，中共宁波地委与中共定海独立支部派顾我、金维映（1904—1941）、王士宏等来岱山发动组织盐民群众进行革命斗争。他们通过访问群众、培养积极分子，提出组织起来"打到贪官污吏、打倒土豪劣绅"。各地盐村纷纷行动起来，不久就成立了十个村盐民协会，盐民运动迅速成为燎原之势。民国 16 年（1927）3 月 12 日，来自各地盐村的一万余盐民在岱山司基东岳宫举行岱山盐民协会成立大会。[64]岱山的运司庙与衢山岛乍浦门东岳宫都曾作为盐民运动活动基地，发挥过重要作用（表 2-9）。

表 2-9　岱山县与盐民运动革命历史相关的民间信仰场所一览表

名称	始建	地址	活动	备注
东岳宫	宋宣和	岱山县	1927 年岱山盐民协会成立处	县级重点文物保护单位，建有革命纪念馆
运司庙	清雍正	岱山县	盐民运动活动基地	—
乍浦门东岳宫	清嘉庆	岱山县（衢山岛）	盐民运动活动基地	—

民国26年（1937）抗日战争全面爆发之后，中共于民国27年（1938）10月在舟山成立了定海工作委员会。民国28年（1939）6月23日，日寇为将舟山群岛作为海军第三舰队基地，加强上海外围防务，而侵占定海城关和沈家门。当时国民党县长与国民兵团未经作战便渡海撤退至大榭岛，中共定海工委旋即转至农村，建立抗日根据地。民国32年（1943），在国民党发动的反共高潮下，中共定海工委转入地下，组建自卫队与抗日武装，继续领导定海人民抗日（表2-10）。[65]

表2-10 定海区与抗日战争革命历史相关的民间信仰场所一览表

名称	始建	地址	活动	备注
海云寺	明末清初	定海区	1940年，共产党烈士张叔馨（1924—1940）被害处	—
长寿庙	清	定海区（长峙岛）	曾经住过中共定海县工委陈子方等人	—
江口新庙	民国3年（1914）	定海区	曾经住过中共定海县工委陈子方等人	—
章家庙	清道光	定海区	中共定海县工委联络点	—
许家庙	清康熙	定海区	中共定海县工委联络点	—
竺灵寺	清	定海区	中共定海县工委联络点	—

舟山的民间信仰场所在配合定海工委开展抗日活动方面发挥出重要作用。民国28年（1939）6月，中共定海县工委负责人王起（1917—1981）等组织成立抗日自卫武装吴榭乡抗日自卫队时，梅馨（1915—

1939）任指导员。她常以家门口的章家庙作为秘密联络点，开展抗日宣传活动。

民国 28 年（1939）9 月初，由于地方势力头子丁淞生因敲诈未果且部属被消灭，率部到吴榭进行报复，梅馨不幸被捕，于 9 月 13 日就义，年仅 24 岁，是舟山抗日战争中牺牲的第一位烈士。[66]民国 29 年（1940）年 9 月，陈子方参加定海县工委，负责军事工作，曾在长峙岛长寿庙、江口新庙吸收积极分子入党，联合各方面力量进行抗日斗争。[67]定海的许家庙、竺灵寺都在舟山抗日史上谱写过光辉的一页。

民国 27 年（1938）初，日舰炮击长涂岛。8 月，中共宁绍特委派陈礼节以省流动施教团名义来岱山开展抗日活动。民国 28 年（1939）5 月，日军全面侵占岱山岛，中共地下党组织岱山抗日自卫队，后编为定海县抗日自卫团第三大队，以岱东总吉庙为据点展开活动。当月，日军突然偷袭总吉庙，杀"三大队"人员 7 名。11 月，"三大队"又在岱中长坑伏击日寇，毙敌数名。民国 32 年（1943）4 月，岱山念母岙费家村建立中共定海县特派员机关，特派员詹步行（1913—1986）曾以玄坛庙和"美丰杂货店"为掩护，开展岱山地区工作（表 2-11）。[68]

表 2-11　岱山、六横岛与抗日战争革命历史相关的民间信仰场所一览表

名称	始建	地址	活动	备注
总吉庙	清康熙	岱山县	中共抗日据点	—
玄坛庙	清乾隆	岱山县	民国 32 年（1943），中共定海特委特派员詹步行以本庙为掩护，联络中共岱山地下党组织	—

续表

名称	始建	地址	活动	备注
凝波庙	清乾隆	普陀区 (六横岛)	曾驻扎中共抗日游击武装	—
太平庙	清乾隆	普陀区 (六横岛)	1941年，中共地方游击队 长在本庙山岗因抗日阵亡	—

民国29年（1940）1月，日舰驶至六横岛登陆，由定海工委组织的抗日游击队利用凝波庙、太平庙，驻扎军队，顽强反抗日军侵略，作出过重大牺牲。[69]

舟山民间信仰场所在解放战争中，也留下了诸多革命志士的光辉事迹。这一时期，舟山有两支中共领导的公开武装，一是舟山群岛游击支队，二是东海游击总队，他们活跃在舟山各个岛屿，支援中国人民解放军牵制国民党部队。民国37年（1948）4月，东海游击总队成立于张相宫，曾组织开展油岭伏击战、黄沙战役，惊动国民党高层。[70]民国37年（1948）8月18日，王起等人率东海游击总队主力四个中队、共二百八十四人至六横岛，总部便设在双塘庙。[71]东海游击总队后被编入浙东人民解放军第二游击纵队，参加了解放浙东、舟山的战斗。定海区的戚家庙在解放战争时期曾作为中国人民解放军的指挥营地，而虾峙岛的红兴庙就是为纪念1950年解放桃花岛战斗中牺牲的烈士蒋和平而建的（表2-12）。

表2-12　舟山与解放战争革命历史相关的民间信仰场所一览表

名称	始建	地址	活动	备注
张相宫	清康熙	定海区	民国37年（1948）4月，中共武装组织东海游击总队成立处	建有东海游击总队史迹陈列馆
双塘庙	清	普陀区 (六横岛)	民国37年（1948）8月，六横东海游击总队总部设在本庙	—

名称	始建	地址	活动	备注
戚家庙	清	定海区	曾作为中国人民解放军的指挥营地	—
红兴庙	1965	普陀区 （虾峙岛）	纪念1950年解放桃花岛战斗中牺牲的烈士蒋和平	—

综上所述，从大革命时代到抗日、解放战争，舟山民间信仰场所承载了许多可歌可泣的英雄记忆，这段斗争史中展现的革命精神将永留于天地之间而光照千秋。

七、结语

历史上与大陆隔海相望的舟山群岛，因独特的地理环境造就了其不同于陆地的海岛文化，遍布在舟山群岛各岛屿上的民间信仰场所就是舟山独特地域风情的显著体现，其数量之多在中国其他省市中比较罕见。由于距中央王朝偏远，国家管理的松弛大概也是导致舟山地区古代民间信仰场所众多的重要原因。本文以舟山民间信仰场所中所供奉的历史人物为中心，按照不同性质大致将其分为了古圣先贤、祖先神灵、本地人物、抗争人物四大类型。

笔者认为，舟山先民对中原农业社会古圣先贤的崇拜，是为有意强调自己华夏之裔的身份。舟山地处边缘，不时便被中央王朝遗弃，常游离于国家编制之外，这些被尊为神灵的历史人物寄托了舟山百姓永远能为中原王朝尽忠之愿望，也表达出身处边缘海岛的族群认同危机。在对祖先神灵的研究中，笔者发现作为明确的祖先庙场所数量极少。舟山百姓经历多次被迫迁徙内地之过程，而现居民多为清康熙二十二年

（1683）后迁入，多非显赫家门，又因文化水平较低，再加上后人多已不存，对于祖先的记忆十分模糊。供奉钱镠与夏言，对于生活在边缘海岛的古代舟山居民而言，有为抬高门第而冒称祖先的嫌疑。舟山本地人物信仰和全国本地人物民间信仰的差别并不是很大，本地人物能被民众铭记的主要原因一方面是做官造福百姓，另一方面是行医救治病人，舟山本地人物信仰独有的特色是尊神生前能够扫荡海盗，或者保护渔民。接着，笔者通过梳理舟山民间信仰场所中所供奉的从抗辽、抗金、抗元、抗倭直到抗清、抗英的抗争人物，总结出舟山群岛因特殊地理位置决定了其作为中国海疆辕门重要地位的特点。舟山虽面积不大，但却直接关系到中华民族的生死存亡。从明初开始，中央曾实行废县迁海政策，意图放弃舟山这片领土，但舟山人民宁死不愿降服于外敌，永远以华夏之裔自居，坚守华夏边缘，这种爱国情怀将在民间信仰场所中被不断传承。最后，舟山民间信仰场所在空间意义上，从大革命时代到抗日、解放战争时期曾作为中国共产党开展革命运动的重要据点，这些神灵无意中成了中国红色革命的见证者与保护者。

注释

① 宋乾道《四明图经》卷七，昌国县。

② 明天启《舟山志》卷一，沿革。

③ 清光绪《定海厅志》卷五，建置。

④ 《史记》卷一，五帝本纪；卷二，夏本纪。

⑤ 民国《岱山镇志》卷四，志盐。

⑥ 民国《岱山镇志》卷五，志渔。

⑦《国语》卷六，齐语。

⑧《国语》卷十九，吴语；卷二十，越语。

⑨《史记》卷四十七，孔子世家。

⑩《史记》卷四十一，越王勾践世家。

⑪《后汉书》卷五十四，杨震列传。

⑫ [东晋] 常璩，《华阳国志》卷十一，寿良传。

⑬《新唐书》卷一百三十七，郭子仪列传。

⑭ 光绪《定海厅志》卷三十，祠庙，金井庙碑记。

⑮《宋史》卷三百一十四，范仲淹列传。

⑯《宋史》卷三百一十六，包拯列传。

⑰《明史》卷二百一十三，张居正列传。

⑱《新唐书》卷九十，殷开山列传。

⑲ 定海县志编纂委员会，《定海县志》第三编，人口姓氏，浙江人民出版社 1994 年版。

⑳ 舟山市地方志编纂委员会，《舟山市志》第三编，人口，浙江人民出版社 1992 年版。

㉑《宋史》卷一至卷三，太祖本纪；卷四至卷五，太宗本纪。

㉒ 李仁娟：《地处冷岙联姻城乡》，《舟山文博》2011 年第 2 期。

㉓ 民国《定海县志》册 4，艺文志。

㉔《宋史》卷四百一十九，余天锡列传。

㉕ 康熙《定海县志》卷六，古迹。

㉖《明史》卷一百九十六，夏言列传。

㉗ 李世庭：《严嵩害夏言的故事》，《今日定海》2014 年 3 月 24 日。

㉘ 宋宝庆《四明志》昌国，叙祠。

㉙ [东晋]干宝，《搜神记》卷一，葛玄。

㉚ 何雷书：《翁山县名的来历有两说》，《文史天地（第八辑）》，北京：文津出版社 2003 年版。

㉛ 民国《岱山镇志》卷二十，古迹。

㉜《隋书》卷六十四，陈稜列传。

㉝ 元大德《昌国州图志》卷七，叙祠。

㉞ 李世庭：《漫话舟山祠庙》，《文史天地（第八辑）》，文津出版社 2003 年版。

㉟ 清光绪《定海厅志》卷二十四，物产。

㊱ 清康熙《定海县志》卷六，人物。

㊲ 清光绪《定海厅志》卷十，人物。

㊳ 定海区档案局、定海区史志办公室编：《定海古今寺庙宫观》，中国文史出版社 2008 年版。

㊴ 民国《岱山镇志》卷十，社庙。

㊵ 宋宝庆《四明志》昌国，叙祠。

㊶ 宋宝庆《四明志》昌国，叙祠。

㊷ 李世庭：《漫话舟山祠庙》，《文史天地（第八辑）》，文津出版社 2003 年版。

㊸ 清光绪《定海厅志》卷十，疆域。

㊹ 明天启《舟山志》卷二，寺观。

㊺《宋史》卷一百二十三，韩世忠列传。

㊻《宋史》卷四百五十一，张世杰列传。

㊼《宋史》卷四百一十八，文天祥列传。

㊽ 民国《岱山镇志》卷十，社庙。

㊾ [明] 胡宗宪，《影印筹海图编》，台湾商务印书馆 1983 年版。

㊿《明史》卷二百五，胡宗宪列传。

51《明史》卷三百二十二，日本列传。

52 [明] 谈迁:《国榷》，中华书局 2006 年版。

53 刘家沂主编:《海上门户舟山》，中国海洋大学出版社 2016 年版。

54 [明] 胡宗宪:《影印筹海图编》，台湾商务印书馆 1983 年版。

55《明史》卷二百一十二，戚继光列传。

56 清康熙《定海县志》卷六，人物。

57 贼出没台州外海，都指挥王沛败之大陈山。贼登山，官军焚其舟。镗会剿，擒其酋林碧川等，余倭尽灭。别贼掠诸县，指挥闵溶等败死，镗夺职戴罪。(《明史》卷二百一十二，卢镗列传)

58 康华平:《戚家军与舟山》，中国文史出版社 2016 年版。

59 民国《岱山镇志》卷十，社庙。

60 刘家沂主编:《海上门户舟山》，中国海洋大学出版社 2016 年版。

61《清史稿》卷二百二十四，郑成功列传。

62《清史稿》卷二百二十四，张煌言列传。

63 冯琛编:《鸦片战争在舟山史料选编》，浙江人民出版社 1992

年版。

㉔ 岱山县志编纂委员会编：《岱山县志》大事记，浙江人民出版社
1994年版。

㉕ 中共舟山市委宣传部、舟山市教育局、舟山史志办公室编：《海
山增辉——舟山市爱国主义教育基地巡礼》，中国文联出版社2002年版。

㉖ 舟山市新四军研究会编：《王起纪念文集》，中共党史出版社
2008年版。

㉗ 中共舟山市定海区委党史办公室编：《中共定海党史大事记
(1919—1950)》，1991(未出版发行)。

㉘ 岱山县志编纂委员会编：《岱山县志》大事记，浙江人民出版社
1994年版。

㉙ 蒋文波主编：《六横志》大事记，上海书店出版社1996年版。

㉚ 舟山市新四军研究会编：《东海游击总队纪念文集》1998年版
(未出版发行)。

㉛ 蒋文波主编：《六横志》大事记，上海书店出版社1996年版。

第三章 "一带一路"与区域经济

宁波运河与海丝文化旅游发展研究

——基于空间的视角

朱岚涛

（宁波城市职业技术学院旅游学院）

摘要：运河与海丝文化资源是重要的旅游资源，它是生态、生产、生活的空间载体。本文从空间视角出发探讨宁波运河与海丝文化旅游空间发展模式。主要研究结论有：一、运河与海丝文化遗产空间要素包括节点、廊道和腹地空间、文化纽带；二、运河与海丝文化空间理念模式、空间保护模式、空间组织模式、空间产品模式、空间管理模式，共同作用形成整体开发模式；三、运河与海丝遗存应有的文化、生态和生活空间破碎，应加大运河与海丝文化研究与整体管理，破解运河与海丝文化生命信息和遗传密码。

关键词：运河文化；海丝文化；空间模式；组织模式

一、引言

随着"一带一路"倡议的深入推进,"海上丝绸之路"联合申报世界文化遗产工作全面展开,运河与海丝文化的综合保护与利用成了政府和学术界所关注的重点。宁波,是中国大运河(由浙东运河、京杭运河、隋唐运河共同组成)的末端,更是海上丝绸之路的起点,河海交汇的独特地理价值与文化价值使其在中国版图上熠熠生辉。在运河文化后遗产时代和海上丝绸之路前遗产时代的历史交汇之际,研究宁波运河与海丝文化旅游发展,对运河与海丝文化的保护传承、活态利用、可持续发展具有战略意义。

当前国内外关于运河与海丝文化旅游方面的研究主要集中在资源评价、理论构建、空间组织、区域合作等方面。关于运河与海丝文化资源的评价研究包括:河流旅游开发类型(Steinbach Josef, 1995)、运河旅游开发可能性和潜力(Furgala-Selezniow G, 2005)、资源开发条件(金平斌、沈红心, 2002)、遗产廊道旅游价值评价体系构建(吕龙、黄震方, 2007)、线性遗产廊道旅游价值综合性评价(杜忠潮、柳银花, 2011)、海丝文化遗产旅游适宜性评价(罗景峰, 2017)等。运河与海丝文化遗产旅游的理论方面探讨:在传统的遗产管理模式基础上,Guy M Assan 提出管理中应贯彻"价值、公众受益、理解、尊重和完整"五条原理(颜敏、赵媛, 2016);李伟、俞孔坚等(2004)较早探讨了遗产廊道与大运河整体保护的理论框架;李飞等(2009)提出遗产廊道旅游资源开发与保护的 ASES 模型、CBD 理论和嵌套式三角模型等;龚道德（2016）从管理框架、管理目标、行动策略、运行保障机制4个方面对运河国家遗产廊道的运作机理做了较为深入的剖析；王立国、陶犁等（2012）提出文化廊道范围计算及旅游空间构建方法体系。关于运河与海丝文化旅游的空间组织方面的研究：黄昊、贾铁飞（2013）构建了运河文化景区、城市和区域3个尺度的运河旅游节点与发展轴线；张镒、叶城锋等（2017）提出微观尺度遗产廊道构建的原则和设计表达方法；李飞（2019）从空间视角出发，探究线性文化遗产空间结构演化的一般规律。关于运河与海丝文化旅游的区域合作的研究主要包括区域合作（BediC，2011）、遗产廊道型资源旅游合作开发模式（李创新，2009）、丝绸之路经济带旅游业格局与国际旅游合作模式（郭鹏、董锁成等，2014）、海上丝绸之路国家旅游合作（王新越、司武兴，2016）、海上丝绸之路旅游安全风险与合作治理（谢朝武、黄锐，2018）等。

从此前研究成果来看，对运河与海丝文化遗产的要素构成、开发理念、开发模式等研究相对缺乏。鉴于此，本文将从空间视角对上述问题进行探索，从而助力宁波运河与海丝文化旅游开发利用与文化遗产的科学保护。

二、宁波运河与海丝文化旅游发展的空间要素

（一）节点要素

节点要素是指一定旅游区域内的各级中心旅游城市、城镇，即旅游依托点，是旅游供给和需求的集中场所，也是旅游极化和扩散作用所围绕的核心。节点影响着线性文化遗产的走向和通达性，按照不同的

等级可分为中心城镇、次级城镇和中继站 (李飞, 2019)。宁波运河沿线分布着马渚古镇、慈城古镇、余姚古城、镇海古城、宁波古城等中心城镇；半浦古村、大西坝古村、丈亭古街区、望春桥历史街区、南塘老街、高桥老街等历史街区等中继站，这些古城、古镇、古村历史悠久、文化底蕴深厚、经济发达、交通便利。

(二) 通道要素

通道要素是指在一定的旅游区域中对旅游经济活动起联系作用和传递游客游乐的水、陆、空旅游交通线，也称为旅游通道，它是人员往来、货物运输、信息交流的廊道。它串联着最具有特色的旅游地，并使热点和冷温点交错分布，形成一个有机整体。宁波紧临上海，靠近舟山，是沿海经济带 T 形交汇区域的南端、长江三角洲的中心地带，是长三角经济圈海域扇面的核心主体组成部分。在航空方面，半小时至 3 小时交通圈内拥有 4 个国际机场；在铁路方面，宁波已经形成 6 个小时省会高铁交通圈；在公路方面，搭建了"一环六射"高速公路主骨架，形成了以城区为中心的"213"高速交通圈；在水运方面，形成了以沿虞甬运河 (马渚段)、姚江—甬江、慈江—刹子港—西塘河、十八里河 (云楼段)、慈江—中大河、运瓷专线 (东横河、快船江)、小浃江等河段为主的水运网。

(三) 腹地空间

旅游腹地空间，是指由旅游城市、旅游景区、旅游节点通过各类旅游交通线连接而组成的具有向心性和层次性的旅游区域，也称为旅游腹地范围。旅游腹地的范围是各种旅游经济活动共同作用所能达到的最大地域范围，它是文化遗产旅游发展的最基本要素。腹地空间也就是辐射域面，也是指节点和廊道影响力所波及的范围，即"点—辐"和"轴—辐"交互影响的空间组织模式。辐射域面的范围大小说明了节点和廊道的影响力强弱（李飞，2019）。宁波运河沿线城镇工业发达，具有模具、机器人、电器、水上运输、港口物流等产业。这些城镇农业资源富集，具有农业、农产品种植基地、田园等，宁波运河与海丝文化旅游发展的腹地空间广阔。

（四）文化纽带

文化纽带，是区域内经济、城市、生活之间的隐性联系带。在宁波城市史、文化史、商业史演化的过程中，运河与海洋不是宁波城市、商业、文化的"生母"，就是"乳娘"。镇因水兴、城因港兴、港因海兴，河与海是宁波城市记忆、文化记忆、历史记忆、城市延续的脐带。宁波运河与海丝文化资源丰富，具有阳明文化、农耕文化、慈孝文化、家风文化、佛教文化、海丝文化、运河民俗文化、河姆渡史前文化、海防文化、青瓷文化、水利文化、饮食文化、诗词文化、民俗文化等文化类型，这些文化内涵底蕴深厚，文化价值极高（表3-1）。

表3-1 宁波运河与海丝文化主要资源

名称	主要资源
运河文化	姚江大闸、化子闸遗址、涨鉴碶（闸）旧址、慈江大闸、浦口闸、大西坝旧址、小西坝旧址、压塞堰、它山堰、舜江桥、高桥、望春桥、新桥、永济桥等
港口文化	句章古港、宁波舟山港、中国港口博物馆
商业文化	运河望族、商业大亨、宁波商帮

名称	主要资源
儒家文化	王阳明、朱舜水、黄宗羲等大儒。理学圣地、姚江学派、浙东学派等
遗产文化	河姆渡遗址、田螺山遗址、井头山遗址、鲻山遗址、古石宕遗址
海丝文化	保国寺、天童寺、阿育王寺、庆安会馆、上林湖遗址、句章古城遗址、镇海口海防遗址、永丰库遗址、渔浦门码头遗址、明州城遗存(鼓楼、天宁寺塔、天封塔、和义门瓮城遗址)、它山堰

三、宁波运河与海丝文化发展的空间模式

(一) 空间构建理念

1. 构建"遗产、生态、旅游"空间

以运河与海丝文化保护、文化传承、文化复活为主,构建"两馆、三廊、多节点"文化遗产廊道。以生态修复、环境修复和肌理修复为主要手段,通过截污、清淤、配水、驳磡、绿化等手段,修复提升生态环境,构建绿色生态廊道。活化文化遗产,植入旅游要素,创新开发理念,树立文化旅游精品意识,构建集文化体验、旅游休闲、生活生产为一体的旅游体验空间。

2. 构建"形态、文态、业态"空间

实施文化修复和景观改造工程,改造沿河城镇、村落、街区景观,梳理街巷空间,有机更新和修复历史建筑,保护浙东特色的村落形态,塑造完整地域风貌。挖掘运河与海丝文化内涵,实施文化展示、展览工程,通过运河博物馆、塘河文化陈列馆、河海文化博物馆、家风博物

馆、农耕博物馆等设施,彰显运河与海丝文化内涵,让文态成为内核。强化运河与海丝文化体验、生态休闲、旅游商贸、生活居住功能,以运河与海丝文化遗产为依托,盘活村落与城镇资源,塑造两岸公共特色景观空间,完善区域公共服务配套,创新构建丰富多元的旅游业态,用业态丰富空间,引导消费,增强体验,促进文化与商业和生活的结合。

3. 构建"生产、生活、生命"空间

协调运河航运与旅游之间的关系,在不弱化运河生产作业功能的前提下,发挥运河旅游功能。以人为本,以民为先,还河于民、还河于游客,改善运河两岸生态、生产、生活环境,改善沿河城镇、村落居民生活、居住条件,让居民倚河而居、倚河而业、倚河而文、倚河而游,打造活态运河博物馆。挖掘运河与海丝文化内涵,展示大运河及海上丝绸之路对周边经济、文化和人们日常生活、精神世界的现实影响,展示运河与海丝文化的历史精神、商业精神、开放精神与创新精神内涵,构建运河与海丝文化精神空间。

(二) 空间保护模式

1. 遗产廊道发展模式

"遗产廊道"(Heritage Corridor) 是发端于美国的一种区域化遗产保护战略方法,是"遗产区域"的线性形式,也是一种特殊的线性文化景观,并具有动态演变的特征 (陶犁,2012)。以余姚古城、阳明小镇、慈城运河养生小镇、西塘运河风情带、天童—阿育王寺为龙头,以沿线的河姆渡国家考古遗址公园、半浦古村落、大西坝文化遗址公园为支撑,突出"运河古城、海丝禅韵"特色,并以此为核心辐射源。通过以点带面、以面带域逐步推进的空间发展模式，构建运河文化遗产廊道。确定姚江沿线为一级点轴线等级体系，慈江、中大河、西塘河为二级轴线开发体系，通过点的扩散，轴线发展，进而促进区域旅游空间结构生长。

2. 活态博物馆模式

"活态博物馆"是一种探讨城市历史地段保护与更新的理念和方法。活态博物馆以居民集体记忆、社区居民、空间元素为组成要素，注重动态保护，本质是社区更新（汪芳、刘迪、韩光辉，2010）。以西塘河运河风情带、南塘河运河风情街区、中大河运河耕读文化带为中心，挖掘西塘、南塘、中大河沿线的古桥、古街区、名人古宅、历史文化、民俗文化等资源，导入旅游要素，完善旅游设施，丰富水陆两栖游览方式和解说方式，借鉴生态博物馆开发理念，突出运河社区文化和生活场景的真实展现，让运河民俗文化、运河社区、运河城市活起来，打造没有围墙的运河活态博物馆。

（三）空间组织模式

1. 圈层结构模式

德国经济学家杜能在《孤立国》一书中，最早提出了圈层理论。圈层结构理论认为城市与区域是相互依存的、互补互利的一个有机整体，城市起着经济中心的作用，对区域有吸引功能和辐射功能。以三江口、宁波—舟山港、中国港口博物馆、镇海海防遗址依托，丰富海丝遗址旅游产品形态、完善旅游产品设施，以文化廊道、交通廊道、绿色廊道为依托，实现港城互动，构建海丝古港核心发展圈。以天童—阿育王寺为中心，积极对接钱湖新城，吸纳钱湖新城客源向其流动，进而形成海丝禅韵旅游辐射圈。以上林湖越窑国家考古遗址公园为核心支撑点，加强文化创意、文化体验、文化修学等旅游业态导入，积极推动上林湖与鸣鹤古镇的互动与联系，构建海丝瓷韵旅游辅助圈。

2. 产业集聚区模式

旅游产业集聚必须存在作为核心和基础的知名度较高的旅游资源或产品，即所谓的"旅游综合体"，以通过资本和要素流动实现城市建设（马晓龙、卢春花，2014）。以余姚古城为核心，导入国学教育、文化游学、文化创意等业态，构建阳明文化产业聚集区；以慈城古镇为支撑，导入东方雅士慢生活方式，发展古城养生、民宿度假、文化体验等业态，构建东方雅士慢生活体验城；以三江口为依托，整合天一阁国家 AAAAA 级景区、老外滩 AAAA 级景区、安庆会馆世界文化遗产等，以城市休闲消费为核心，构建河海世界双遗产中心城区。以运河与海丝文化休闲、体验、度假为核心，形成运河休闲部落、休闲街区、风情小镇等多业态聚集、多点支撑的旅游文化集群。

（四）空间产品模式

1. 运河文化庄园模式

庄园经济就是将规模经营的理论引入农业生产经营，其实质就是通过土地、劳动力、农业机械等生产要素的相对优化组合，取得最大的经济利益（方中权，2014）。依托运河生态环境，挖掘运河相关的历史文化、农耕文化等，形成具有运河主题文化元素、艺术气质、休闲氛围和度假功能的运河文化旅游综合体。诸如沿运河两岸，宁波可以打造姚江水岸、农耕文化主题庄园、姚江农业主题庄园等。

2. 运河与海丝旅游风情小镇模式

特色小镇是生产、生活、社会和空间交互的产物 (李君轶、李振亭,2018),特色小镇拓展了旅游的物质空间、精神空间、社会空间。沿运河的城市和城镇旅游化发展为核心,建设余姚古城、阳明儒风小镇、慈城运河养生小镇、西塘运河民俗风情带、镇海古城等,培育城区、镇区文化消费、旅游消费形态,发展养生、度假、教育、文化创意产业,强化城镇在资本、信息、人才、交通方面的聚集功能,发挥其强大的辐射作用,推进交通、基础设施完善和土地升值,促进人口聚集、商业发展、服务完善、文化度假功能完备,形成产业互动发展格局。

3. 运河与海丝文化公园模式

国家文化公园是一个新概念、新事物,是一种全新的公共文化空间形态,是文化认知、传承、教育的载体、平台和阵地 (程惠哲,2017)。依托运河与海丝文化遗产,注重生态环境保护与文化生态系统修复,完善文化观光、文化体验、文化休闲功能,打造具有地域特色、文化个性和科学价值的国家文化公园。宁波可以打造河姆渡、上林湖等国家考古遗址文化公园、它山堰世界水利遗产公园等。

4. 运河与海丝文化历史街区模式

历史街区作为文化脉络的载体,延续着城市的传统与精神,以独特的物质空间组成触发着感知体验 (何慧妍、王敏,2019)。以运河沿线古街区为依托,强化历史风貌保护,导入文化创意、文化休闲、文化体验、商业服务、商业房产业态等,形成以文化生产、文化消费、文化创意、旅游社交、艺术交流、娱乐休闲、商业休闲为主题的历史文化街区、创意艺术街区等。宁波可以打造骆驼运河创意商业街区、望春月光经济区、丈亭运河商业古街区等。

5. 运河与海丝国际生活社区模式

文化旅游社区是都市区旅游活动服务和管理的单元（梁景宇、赵渺希、沈娉，2019），文化旅游社区发展最重要的是促使社区成员介入社区活动，从而促进社区归属感和社区共同的文化意识的形成。以沿运河及海丝遗产周边的古城、古镇、古村为支撑，优化生活环境、完善生活度假设施，打造运河人家等度假民宿，形成具有度假功能的国际化生活社区。宁波可以打造南塘国际文化旅游社区、老外滩国际旅游社区、慈城国际旅游度假社区。

（五）空间管理模式

政府全面主导运河与海丝文化保护及遗产资源活化，理顺管理体制，组建运河与海丝文化集团或管理委员会，统一保护、开发与运作权限。按照"统一领导、市区联动，政府主导、市场运作"原则，创新运河与海丝文化管理体制，组建运河与海丝文化发展集团或者运河与海丝文化管理委员会，承担运河与文化运营、运河沿岸的土地开发、工程建设，承担重大专项建设等任务，统一线性管理。盘点运河沿线、海丝遗存点周边空闲土地资源，整合包装旅游项目。引进社会资本、民间资本建设重大带动性产业项目，以项目为抓手，打造运河与海丝文化旅游发展增长极，撬动运河与海丝文化旅游全面发展。鼓励社区居民参与运河与海丝文化旅游开发，调动沿线城镇社区居民参与文化遗产保护与开发的积极性。以社区参与为基础，市场运作为主体，政府主导为推手，构建"政府、市场、社区"三位一体的管理格局。

四、结论

当前由于部分运河航运功能废弃，使相关遗产失去应有的联系互动，使遗产失去应有活力。城市空间外扩、道路交通修建、居民便利设施建设，撕裂了运河与海丝遗存应有的文化、生态和生活空间。运河与海丝文化遗存点涉及桥梁和水利工程设施、水运、航道、码头、古城、古镇等文化遗产分别属于不同的行政管理部门，属地管理、条块分割，使运河与海丝文化统一运营与管理难度加大。因此，宁波运河与海丝文化旅游的开发要强化文旅融合，加强运河与海丝文化旅游基础设施建设，增设博物馆展览设施，加大运河与海丝文化研究，破解运河与海丝文化生命信息和遗传密码，促进文化保护与传承。加强运河与海丝文化古城、古镇、古村、文化遗产点的空间保护与利用规划、旅游开发规划等，形成完整的保护与利用、活态传承开发等规划体系。

参考文献

[1]Bedi C. Ecotourism in Bocas Del Toro, Panama: The Perceived Effects of Macro-scale Laws and Programs on the Socio-economic and Environ-mental Development of Micro-scale Ecotourism Operations9.[J]. Dissertations & Theses -Gradworks, 2011(3): 13–18.

[2] Furgala-selezniow G, Turkowski K, Nowak A, et al. The

Ostroda Elblag Canal in Poland: The Past and Future for Water Tourism[J].Lake Tourism: An Integrated Approach to Lacustrine Tourism Systems, 2005(1): 131-148.

[3]Steinbach Josef. River Related Tourism in Europe-An Overview[J]. Geographical Journal, 1995, 35(4): 443-458.

[4] 程惠哲. 从公共文化空间到国家文化公园公共文化空间既要"好看"也要"好用"[J]. 人民论坛, 2017(29).

[5] 杜忠潮, 柳银花. 基于信息熵的线性遗产廊道旅游价值综合性评价——以西北地区丝绸之路为例 [J]. 干旱区地理, 2011, 34(3): 519-524.

[6] 方中权. 对我国农村实施庄园经济发展模式的探讨 [J]. 广州大学学报 (社会科学版), 2004, 3(8): 31-34.

[7] 金平斌, 沈红心. 京杭运河 (杭州段) 旅游资源及其旅游功能开发研究 [J]. 浙江大学学报 (理学版), 2002, 29(1): 115.

[8] 何慧妍, 王敏. 基于视觉方法的历史街区"微改造"空间感知研究 [J]. 世界地理研究.2019, 38(4): 189-200.

[9] 黄昊, 贾铁飞. 古运河旅游开发及其空间模式研究——以京杭大运河长江三角洲区段为例 [J]. 地域研究与开发, 2013, 32 (2): 129-133.

[10] 龚道德, 袁晓园, 张青萍, 等. 美国运河国家遗产廊道模式运作机理剖析及其对我国大型线性文化遗产保护与发展的启示 [J]. 城市发展研究, 2016, 23(1).

[11] 郭鹏，董锁成，等. 丝绸之路经济带旅游业格局与国际旅游合作模式研究 [J]. 资源科学，2014, 36 (12)：2459-2467.

[12] 李创新，马耀峰，李振亭，等. 遗产廊道型资源旅游合作开发模式研究——以"丝绸之路"跨国联合申遗为例 [J]. 资源开发与市场，2009, 25 (9)：841-844.

[13] 李飞. 线性文化遗产空间结构演化研究——兼述旅游于其中的影响 [J]. 地理与地理信息科学，2019, 35 (5) .

[14] 李飞，宋金平，张宁. 廊道遗产旅游资源保护与开发理论研究 [J]. 地理与地理信息科学，2009 (6) .

[15] 李君轶，李振亭. 集中到弥散：网络化下的特色小镇建设 [J]. 旅游学刊，2018, 33 (6)：14-16.

[16] 李伟，俞孔坚，李迪华. 遗产廊道与大运河整体保护的理论框架 [J]. 城市问题，2004 (1)：30-33.

[17] 梁景宇，赵渺希，沈娉. 基于 GPS 轨迹的都市外围乡村徒步旅游社区聚类 [J]. 旅游学刊，2019, 34 (8) .

[18] 吕龙，黄震方. 遗产廊道旅游价值评价体系构建及其应用研究——以古运河江苏段为例 [J]. 中国人口·资源与环境，2007, 17 (6)：95-100.

[19] 罗景峰. 泉州海上丝绸之路文化遗产旅游开发适宜性评价研究 [J]. 广东外语外贸大学学报，2017 (1) .

[20] 马晓龙，卢春花. 旅游产业集聚：概念、动力与实践模式——嵩县白云山案例 [J]. 人文地理，2014 (2)：138-143.

[21] 陶犁."文化廊道"及旅游开发：一种新的线性遗产区域旅游开发思路 [J].思想战线，2012，38(2)：99-103.

[22] 王立国，陶犁，张丽娟，等.文化廊道范围计算及旅游空间构建研究——以西南丝绸之路(云南段)为例 [J].人文地理，2012(6)：36-42.

[23] 王新越，司武兴.21世纪海上丝绸之路国家旅游合作研究 [J].中国海洋大学学报(社会科学版)，2016，146(2)：47-51.

[24] 汪芳，刘迪，韩光辉.城市历史地段保护更新的"活态博物馆"理念探讨——以山东临清中洲运河古城区为例 [J].华中建筑，2010，28(5)：159-162.

[25] 谢朝武，黄锐."21世纪海上丝绸之路"旅游安全风险与合作治理 [J].旅游导刊，2018，2(5)：84-89.

[26] 颜敏，赵媛.国内外运河遗产旅游研究综述 [J].资源开发与市场，2016，32(5)：116-120.

[27] 张镒，叶城锋，柯彬彬.微观尺度下遗产廊道构建研究 [J].山西师范大学学报(自然科学版)，2017(3)：101-106.

自贸区背景下舟山海洋旅游的探索与创新

付丽 郭旭 杨浩

（浙江海洋大学经济与管理学院）

摘要：舟山是海上丝路重要节点城市，舟山群岛区位优势明显，旅游资源丰富，海洋旅游业已成为舟山市的支柱性产业之一。2017年，中国（浙江）自由贸易试验区落地舟山，再一次为舟山的海洋旅游提供了新的发展机遇。本文通过剖析自贸区建设对舟山海洋旅游发展的深刻影响，深入分析了自贸区背景下舟山海洋旅游面临的消费人群迅速增多、基础设施极大改善等机遇与交通条件较差、境外市场有待开拓等挑战，最后提出了智慧旅游及旅游服务重构、政企合作与区域一体化、文化整合与文旅融合、结合自贸区挖掘国际旅游潜力的舟山海洋旅游等发展新路径。

关键词：海洋旅游；FTZ ；中国（浙江）自由贸易试验区；探索与创新

一、前　言

舟山群岛地处浙江东海洋面，地理区位独特，自古以来是中国东海航线的重要节点，古代海上丝绸之路的重要一环。中国自由贸易试验区（以下简称"自贸区"）被称为"中国特区实验的升级版"，是中国继20世纪80年代深圳特区建设之后新的里程碑式的改革开放举措。2017年4月，随着浙江（舟山）自由贸易试验区正式挂牌启动，舟山群岛更成为"21世纪海上丝绸之路"建设的核心区域和区域发展高地。舟山海洋旅游在"一带一路"和自贸区建设背景下迎来新的更大的发展机遇。

二、自贸区建设概况

自由贸易园区（Free Trade Zone，简称FTZ，以下简称"自贸区"）是指在某国或地区境内设立的实行优惠税收和特殊监管政策的小范围的特定区域，根据该国（地区）法律法规在特定地区设立的贸易市场，是一国（地区）境内关外的行为，其功能是便捷贸易往来，降低贸易成本。

（一）世界主要自贸区建设

18世纪中叶至19世纪中叶，率先完成资本主义革命的英国开始推行贸易自由政策，其后法国、德国、美国等国家相继出台自由贸易政策，建立经济自由区。19世纪50年代初，美国提出可在自由贸易区发展以出口加工为主要目标的制造业。其后十年间，陆续有发展中国家效仿美国成立特殊工业区，并使其发展成出口加工区。20世纪80年代以后，世界上许多国家开始转变自贸区原有的劳动密集型产业，朝着技术密集型产业发展。

FTZ 不同于双边或多边的自由贸易区（ Free Trade Area, 简称 FTA）。FTA 通常指两个以上的国家或地区，通过签订自由贸易协定（Free Trade Agreement），相互取消货物关税和非关税壁垒，取消相关部门市场准入限制，开放投资，从而促进商品、服务和资本、技术、人员等生产要素的自由流动，实现优势互补，促进共同发展。

目前世界上主要的自贸区有德国汉堡自由港、中国香港自由港、新加坡自由港、迪拜自由贸易区、韩国釜山镇海经济自由区等（表3-2）。

表3-2　世界主要自贸区

自贸区（港）	所属国家	建立时间	面积规模	优惠政策
汉堡自由港	德国	1888	16.2平方千米	外国货物从水上进出自由，有的须申报，有的不须申报，均不征关税；外汇交易均不做限制
中国香港自由港	中国	1841	香港全境	贸易自由、企业经营自由、开放金融市场、人员进出自由
新加坡自由港	新加坡	1969	3万平方米	除汽车、石油产品、烟酒等外，对其他商品不征收关税
迪拜自由贸易区	阿联酋	1985	135平方千米	外资可100%独资，不受《阿联酋公司法》中规定的外资49%，内资51%条款的限制；外国公司享受15年免除所得税，期满后可再延长15年的免税期；无个人所得税；进口完全免税；货币可自由兑换
釜山镇海经济自由区	韩国	2003	104平方千米	自由区税收7年减100%，之后3年减50%。租用期为50年，每年按照土地价格1%为基准，政府还对土地收购费及建筑物租用费的各30%、50%进行2年补贴

(二)中国自贸区概况

中国大陆的自由贸易区相对起步较晚,2013年中国国务院批复建立中国(上海)自贸试验区,拉开了中国自贸区建设的新篇章,随后迅速发展。中国自贸区设立的意义完全不弱于20世纪经济特区与浦东新区的建立。截至目前,中国自贸区数量已经扩大到18个,形成"1+3+7+1+6"的雁式矩阵,覆盖地区从南到北、从沿海到内陆,包括上海、广东、天津、福建、辽宁、浙江、河南、湖北、重庆、四川、陕西、海南、山东、江苏、河北、云南、广西、黑龙江。中国所有的沿海省份都是自贸区,从北到南分别是辽宁、河北、天津、山东、江苏、上海、浙江、福建、广东、广西、海南(表3-3)。

表3-3 中国自贸区的布局、定位及其与旅游关联节点

名称	设立时间	总面积(平方千米)	片区范围	发展定位	主要旅游关联节点
上海自贸区	2013	120.72	①外高桥保税区 ②外高桥保税物流园区 ③洋山保税港区 ④上海浦东机场综合保税区 ⑤金桥出口加工区 ⑥张江高科技园区 ⑦陆家嘴金融贸易区	关键词:复制与推广 探索中国对外开放的新路径和新模式,推动加快转变政府职能和行政体制改革,促进转变经济增长方式和优化经济结构,实现以开放促发展、促改革、促创新,形成可复制、可推广的经验,服务全国的发展。力争建设成为具有国际水准的投资贸易便利、货币兑换自由、监管高效便捷、法制环境规范的自由贸易试验区	旅游业基础:城市旅游发达 与旅游业发展关系:旅游关联发展区 旅游业发展内容:在完善具有国际竞争力的航运发展制度和运作模式的措施下,推动与旅游业相关的邮轮、游艇等旅游运输工具出行便利化。建成国际化医疗旅游目的地

续表

名称	设立时间	总面积（平方千米）	片区范围	发展定位	主要旅游关联节点
天津自贸区	2015	119.9	①天津港片区 ②天津机场片区 ③滨海新区中心商务片区	关键词：京津冀协同发展 以制度创新为核心任务，以可复制可推广为基本要求，努力成为京津冀协同发展高水平对外开放平台、全国改革开放先行区和制度创新试验田、面向世界的高水平自由贸易园区	旅游业基础：工业旅游较好 与旅游业发展关系：旅游重要发展区 旅游业发展内容：建立邮轮旅游岸上配送中心和邮轮旅游营销中心；允许在自贸试验区内注册的符合条件的中外合资旅行社，从事出境旅游业务（台湾地区除外）；符合条件的地区可按政策规定申请实施境外旅客购物离境退税政策
福建自贸区	2015	118.04	①平潭片区 ②厦门片区 ③福州片区	关键词：闽台两岸合作 充分发挥对台优势，率先推进与台湾地区投资贸易自由化进程，把自贸试验区建设成为深化两岸经济合作的示范区；充分发挥对外开放前沿优势，建设"21世纪海上丝绸之路"核心区，打造面向"21世纪海上丝绸之路"沿线国家和地区开放合作新高地	旅游业基础：体育旅游特色突出 与旅游业发展关系：旅游特色发展区 旅游业发展内容：平潭片区重点建设国际旅游岛，加快旅游产业转型升级；开发特色旅游产品，拓展文化体育竞技功能，建设休闲度假旅游目的地；进一步扩大旅游、医疗等行业对台开放

续表

名称	设立时间	总面积（平方千米）	片区范围	发展定位	主要旅游关联节点
广东自贸区	2015	116.2	① 广州南沙新区片区 ② 深圳前海蛇口片区 ③ 珠海横琴新区片区	关键词：粤港澳深度合作 依托港澳、服务内地、面向世界，将自贸试验区建设成为粤港澳深度合作示范区、"21世纪海上丝绸之路"重要枢纽和全国新一轮改革开放先行地	旅游业基础：周边的澳门博彩 与旅游业发展关系：旅游特色发展区 旅游业发展内容：横琴片区将依托粤澳深度合作，重点发展旅游休闲健康、文化科教和高新技术等产业，建设成为文化教育开放先导区和国际商务服务休闲旅游基地。联手港澳，打造世界旅游休闲目的地
辽宁自贸区	2017	119.89	①大连片区 ②沈阳片区 ③营口片区	关键词：加快市场取向体制机制改革、积极推动结构调整，努力将自贸试验区建设成为提升东北老工业基地发展整体竞争力和对外开放水平的新引擎	旅游业基础：工业优势 与旅游业发展关系：旅游关联发展区 旅游业发展内容：可发挥其拥有的工业优势，重点推进旅游装备制造业的发展
浙江自贸区	2017	119.95	①舟山离岛片区 ②舟山岛北部片区 ③舟山岛南部片区	关键词：是中国唯一一个由陆域和海洋锚地组成的自由贸易园区，也是中国立足环太平洋经济圈的前沿地区，与"一带一路"倡议下的沿线国家建立合作的重要窗口	旅游业基础：海洋旅游资源丰富 与旅游业发展关系：旅游特色发展区 旅游业发展内容：可发挥其拥有的舟山群岛的资源优势，重点推进海洋旅游的发展

续表

名称	设立时间	总面积（平方千米）	片区范围	发展定位	主要旅游关联节点
海南自贸区	2018	35400	海南全岛	关键词：发挥海南岛全岛试点的整体优势，加快构建开放型经济新体制，推动形成全面开放新格局，把海南打造成为我国面向太平洋和印度洋的重要对外开放门户	旅游业基础：国际旅游岛 与旅游业发展关系：旅游特色发展区 旅游业发展内容：提升海南旅游国际化水平。继续放大离岛免税购物政策效应；要全面落实完善博鳌乐城国际医疗旅游先行区政策，把大健康产业培育成为海南的支柱产业；要培育发展动漫游戏、网络文化、体育赛事、旅游演艺等产业
河北自贸区	2019	119.97	①雄安片区②正定片区③曹妃甸片区④大兴机场片区	关键词：以制度创新为核心，以可复制可推广为基本要求，全面落实中央关于京津冀协同发展战略和高标准高质量建设雄安新区要求，积极承接北京非首都功能疏解和京津科技成果转化，着力建设国际商贸物流重要枢纽、新型工业化基地、全球创新高地和开放发展先行区	旅游业基础：明清古城保存较多，位于环渤海经济区 与旅游业发展关系：旅游特色发展区 旅游业发展内容：要充分发挥自贸区优势，优化河北文旅产业格局，完善自贸区发展配套政策体系，尤其是强化文旅服务，为赴自贸区开展商务、旅游等活动的外国人提供入境便利条件，促进河北文旅高质量发展

续表

名称	设立时间	总面积（平方千米）	片区范围	发展定位	主要旅游关联节点
广西自贸区	2019	119.99	①南宁片区 ②钦州片区内 ③崇左片区	关键词：以制度创新为核心，以可复制可推广为基本要求，全面落实中央关于打造西南中南地区开放发展新的战略支点的要求，发挥广西与东盟国家陆海相邻的独特优势，着力建设西南中南西北出海口、面向东盟的国际陆海贸易新通道，形成21世纪海上丝绸之路和丝绸之路经济带有机衔接的重要门户	旅游业基础：自然景观秀丽，少数民族文化绚丽　与旅游业发展关系：旅游特色发展区　旅游业发展内容：发挥其拥有的山水与少数民族文化资源优势，重点推进山水与文化旅游
山东自贸区	2019	119.98	①济南片区 ②青岛片区 ③烟台片区	关键词：增强经济社会发展创新力、转变经济发展方式、建设海洋强国的要求，加快推进新旧发展动能接续转换、发展海洋经济，形成对外开放新高地	旅游业基础：儒家文化、深厚的传统文化底蕴　与旅游业发展关系：旅游特色发展区　旅游业发展内容：要借中日韩共同的东方文化背景，打造创新示范型、旗舰型项目。要借自贸区发展机遇，坚持国际标准，丰富旅游业态，打造中高端旅游产品，持续提升服务水平，加大旅游品牌国际营销力度，以自贸区为推进器打开全省旅游发展的更大格局

续表

名称	设立时间	总面积（平方千米）	片区范围	发展定位	主要旅游关联节点
江苏自贸区	2019	119.97	①南京江北新区 ②苏州工业园区 ③连云港经济技术开发区	关键词：落实中央关于深化产业结构调整、深入实施创新驱动发展战略的要求，推动全方位高水平对外开放，加快"一带一路"交汇点建设，着力打造开放型经济发展先行区、实体经济创新发展和产业转型升级示范区	旅游业基础：江河交织，水域众多，又靠近上海和浙江两大自贸区 与旅游业发展关系：旅游特色发展区 旅游业发展内容：发展邮轮旅游，推动邮轮、游艇等旅游出行便利化

2015 年 6 月，国家旅游局在天津召开会议，提出将自贸区作为旅游开放的新高地、深化改革的试验田、制度创新的示范区，加快形成旅游产业发展的新优势。可以说，这是国家层面对自贸区旅游贸易发展的首次明确定位。2017 年浙江自贸区在舟山群岛挂牌成立，这也就意味着浙江经济发展从此进入了"自贸区"时代。舟山的旅游业发展也随之迎来了新的契机。自贸区可发挥其拥有的舟山群岛的旅游资源优势，重点推进海洋旅游的发展，使其伴随自贸区建设走上国际化道路。

三、自贸区建设对舟山海洋旅游的影响

（一）舟山海洋旅游现状

据相关数据显示，2018 年，舟山旅游接待游客人数已达 6321.4 万人次，较往年增长 16.8%；实现旅游总收入达 942.15 亿元，较往年增长 17.77%（表 3-4）。

表3-4 历年旅游经济发展情况（来源：舟山市统计局统计数据）

年份	旅游接待人数（万人次）	比上年增长（%）	国内旅游人数（万人次）	国外旅游人数（人次）	总收入（亿元）	比上年增长（%）
2000	459.72	15.7	453.61	61180	22.62	25.3
2001	550.16	19.7	542.96	71954	29.32	29.6
2002	631.98	14.9	623.52	84558	35.39	20.1
2003	645.09	2.1	639.58	55071	35.62	0.6
2004	837.07	29.8	852.42	116481	51.18	43.2
2005	1001.71	19.7	987.71	140028	61.41	20.0
2006	1152.84	15.1	1136.19	166514	91.52	49
2007	1305.00	13.2	1285.07	199295	108.18	18.2
2008	1516.48	16.2	1495.28	211965	131.90	21.9
2009	1752.93	15.6	1730.58	223482	154.87	17.4
2010	2139.00	22.0	2113.32	256790	201.21	29.9
2011	2460.53	15.0	2432.78	277468	235.48	17.0
2012	2771.02	12.6	2739.97	310468	266.76	13.3
2013	3067.47	10.7	3035.93	315375	300.12	12.5
2014	3397.96	10.8	3843.98	315835	477.2	59.0
2015	3876.22	14.1	3843.98	322371	552.18	15.7
2016	4610.61	18.95	4576.69	339247	661.62	19.82
2017	5507.16	19.45	5472.73	344313	806.52	21.92
2018	6321.40	14.8	6291.46	296400	942.15	16.8

根据表3-4可以看出近年来舟山旅游接待人数和旅游总收入增长率均超过了15%，说明舟山的旅游业正处于快速发展阶段并且潜力巨大。国内市场方面，舟山旅客来源较为集中，主要来自长江三角洲和福建地区。其中浙江省内的游客占比达到44%，来自江苏和上海的游客分别占比为16.4%和13%，这两地分别是舟山第二大和第三大游客来源。

国际市场方面，2017 年舟山接待国际游客 344313 人，其中最多为日本游客，占比近 20%，原因有两方面：一是舟山与日本隔海相望，距离上有一定优势；二是近年来日本造船业与部分制造业向舟山市转移，带动了一批技术人员与家属的到来。其次是菲律宾与新加坡旅客，均超过了7000 人。

（二）自贸区的建设背景下舟山海洋旅游开发 SWOT 分析

1. 优势分析

中国（浙江）自由贸易试验区最终落地舟山，是因为舟山有着浙江省其他各市不可复制的优势：

舟山市背靠整个长江流域，长江流域亦是中国经济最为活跃的地带之一。舟山群岛拥有众多深水港，港口经济已发展到一定阶段。舟山群岛地理位置有着独特优势，东北与韩国、日本隔海相望，南与台湾岛相接，作为大宗商品中转贸易的区位优势明显。舟山远离大陆便于实现海关监管方式的创新。舟山群岛拥有众多旅游资源，是我国著名的旅游城市，自贸区的成立可与舟山旅游业形成联动发展。

2013 年习近平主席提出打造"21 世纪海上丝绸之路"这一概念之后，推进舟山群岛新区的建设便成为地方政府工作的重要目标。"海上丝绸之路"是舟山群岛发展国际化旅游的重要契机，舟山可以借鉴旅游资源开发经验实现自身的国际化道路。自贸区的成立，为舟山的海岛旅游发展提供了政策支持与顶层设计的机遇。只要把握住海上丝绸之路和自贸区带来的双重机遇，舟山海岛旅游就一定会发展到一个新的阶段。

（1）海洋旅游资源丰富

舟山拥有 1390 个岛屿，超过 800 个旅游单品，其中超过 200 个为优良级别，占比约 25%。截至 2019 年，舟山市共有 AAAAA 级景区 1 家，AAAA 级景区 4 家，AAA 级景区 15 家，AA 级景区 11 家，A 级景区 7 家，共有 38 家；同时，舟山还拥有嵊泗列岛和普陀山 2 个国家级风景名胜区；舟山的定海是中国唯一的海岛文化名城，具有巨大的品牌发展潜力。此外舟山还有着沈家门渔港、南洞、东极岛等极具海洋特色的旅游景点。自贸区分布与舟山市的旅游资源分布具有一定程度的重合，这就给舟山旅游业进一步发展带来了机遇。

（2）海洋旅游市场需求旺盛

旅游进入新时代。随着人们收入水平的提高，在物质条件得到满足的前提下，精神层面的幸福感成了人们下一步的追求。而陆地上的自然人文风光固然引人入胜，但由于多年来的旅游热大多集中于陆地景点，让许多旅客已经产生了审美疲劳。海洋旅游由于其别具一格的风光就成了人们新的追捧的对象。所以面对掀起的海洋旅游热潮，舟山凭借众多优秀旅游资源成为国内海洋旅游的新星。

2. 劣势分析

（1）岛际交通短板突出

舟山群岛远离大陆且有相当部分景区都是分布较为分散的海岛，所以交通问题的解决对舟山旅游业发展起到了至关重要的作用。舟山跨海大桥建成通车之前的 2008 年全年接待旅客仅为 1516.48 万人次，旅游总收入 131.90 亿元。而当大桥通车之后，舟山享受了巨大的交通红利，到 2018 年舟山全年旅游接待人数已达 6321.4 万人次，实现旅游总收入达 942.2 亿元。

目前前往舟山观光旅游一般只有三种方式：①航空方式。可直接飞往普陀机场，但这种方式价格相对偏高，游客运载能力有限；②船运方式。目前宁波和上海均有直接前往舟山的航线，但船运耗时太久以及运载能力有限制约了人们对此交通方式的选择；③公路方式。舟山自从开通跨海大桥之后，直接摆脱了主要依靠航运的困境，方便了游客自驾或者乘坐大巴前往舟山，也是目前最主要的来舟方式。舟山迄今没有开通铁路，这是一个巨大的短板，缺乏铁路系统强大的运载能力无疑会使跨海大桥承受巨大的交通压力。

舟山岛内交通不容乐观。据统计，截至 2018 年，舟山市公路总里程已经达到 1921.8 千米。但舟山由于群山密布，城区与山坡交错，这严重积压了城市公路的可扩展性。公共交通系统仍旧存在问题。2015年舟山市进行居民出行数据调查，调查显示"等车时间过长""速度较慢""高峰期内道路拥堵"是居民反映的主要问题。这些问题同样会给游客带来不愉快的体验，成为阻碍二次旅游的因素之一。

（2）境外市场有待开发

据舟山统计局统计，2017 年舟山全年接待的境内旅客达到 5472.73 万人次，创造收入 793.23 亿万，而接待境外游客却只有不到 35 万人次，创造外汇收入仅 13.29 亿。两者相比较，舟山市旅游行业的境外市场还基本处于空白阶段。缺乏境外旅客主要跟以下几点相关：① 服务水平较低，未能与国际水平接轨。当下舟山旅游行业的从业人员还不具备能够满足境外游客需求的服务水平，在服务水平提升之前就算境外游客增多，舟山旅游行业也无法正常进行接待服务活动；②国际知名度较低。舟山目前在省内属于重要旅游城市，但放眼全国只能称得上后起之秀，而国际上却依然是名不见经传；③文旅结合不充分。对于境外游客而言，能够在欣赏美景的同时还能体验中国的传统文化才是最大的吸引力。舟山目前在文旅结合道路上还有很长的路需要走。

（3）海岛生态脆弱

海岛生态系统是一种独特的生态系统类型，一方面海岛远离陆地使其具有物种组成上的特殊性，即物种存活数目与所占据的面积之间具有特定的关系，在无人类干扰下，岛屿内物种总数基本保持稳定；另一方面由于物种多样性不足，一旦遭到人为破坏，恢复起来较为困难。在旅游开发过程中不能一味追求经济利益，还应该考虑维持海岛生态平衡，合理控制海岛旅客接待数量。

3. 机遇分析

浙江自贸区主要分为三大片区：舟山离岛片区、舟山岛北部片区和舟山岛南部片区。可以发现舟山离岛片区与岱山景区和嵊泗景区有着较高程度的重合，舟山岛北部片区则与南洞、马岙等海岛特色村落相距不远，而舟山岛南部片区则与朱家尖、桃花岛、普陀山等景点有一定重合点。舟山自贸区的建设无疑将会给舟山旅游行业带来巨大的机遇。

（1）消费力量群体优势

自贸区的建设为舟山带来大量的人员流动及新的消费力量群体。以鱼山岛为例，鱼山岛位于舟山岱山岛以西4海里的灰鳖洋海域，在自贸区建立以前仅仅是个人口为3000左右的落后海岛。但2017年自贸区建立以来，规划将鱼山岛建设成国际绿色石化基地。短短三年时间，鱼山岛绿色石化基地4000万吨/年炼化一体化项目即将建成，同时拥有了近6万的务工人员，这些人员都是潜在的旅游增长点。由于鱼山岛紧邻岱山景区，所以务工人员及其家属都会在空余之时选择其作为休闲娱乐的去处，能够极大促进岱山旅游经济的增长。同样自贸区的重要项目——舟山港综合保税区，它的开发建设也将会给舟山带来巨大的人流量，这都会成为舟山旅游发展的潜在动力。

(2) 自贸区改善了舟山基础建设

为加快促进浙江自贸试验区建设，浙江省与舟山市政府明显加快舟山交通、医疗、供水等工程建设。

甬舟高铁的建造将会结束舟山的无铁路时代，届时凭借铁路强大的运载能力将会极大提升舟山的交通运输能力，缓解旅游高峰期舟山跨海大桥的交通压力。

宁波舟山港主通道主要包含富翅门大桥、主通道段和鱼山大桥三大项目工程，建成后从宁波前往朱家尖观光旅游的游客不必再在通过跨海大桥后下高速，而可以直接走富翅门大桥紧接的舟山快速通道，近一个半小时就可到达，降低了游客旅游时间成本。而鱼山岛建成后连接鱼山、岱山两岛，使得两岛来往驱车6分钟即可抵达。

舟山市引水工程三期工程投用后，舟山年均引水量将达到1.27亿立方米，极大缓解了旅游旺季大量游客涌入导致的舟山海岛或舟山本岛的供水紧张现象，也进一步提升了舟山海岛旅游的承载能力。

以上三条仅仅是自贸区建设过程中完善舟山基础设施配备的一部分，这些举措都会直接或者间接促进舟山旅游的发展繁荣。

4.威胁分析

(1)住宿环境不佳

舟山作为一个旅游城市，不可避免会衍生出众多酒店与旅馆，而住宿条件往往是游客最为关心的问题之一，所以参差不齐的酒店服务态度就成了制约舟山旅游的因素之一。

舟山酒店住宿费用，可以与同省第一大城市杭州相媲美，而高昂的费用却似乎并没有带来相应的服务水平。特别是一些民宿，由于缺乏统一管理，定价与服务往往极为不相符，民宿主人也很多没有相应的服务意识，不能够把顾客的体验感放在第一位。

另一个问题是硬件设施老化。许多经营多年的酒店和旅馆没能够及时更新自身的基础设备，老旧的床上用品加上老化的电子配备产品无疑会带来糟糕的用户体验。

(2)建造大桥具有的双面性

跨海大桥的建设带来的不仅仅是机遇，同样具有一定的威胁性。舟山以打造精品旅游为目标，势必要做到留住顾客，才能获取更大的收益进而提升自己的服务水平和旅游产品质量。随着大桥的开通，虽然交通的便利可以吸引大量游客，但由于缩短了时间成本，使更多游客选择当天返回，这样就不利于留住旅客。

(3)尚未充分结合自贸区和"海上丝绸之路"优势

浙江自贸区建设，这是舟山发展史上极为重要的机遇，但目前来看舟山的旅游行业还并未充分利用好此机遇。比较而言，海南岛与舟山有许多相同之处，同为自由贸易区，同样是"海上丝绸之路"的重要节点，同样是大力发展海岛旅游，但海南在利用自由贸易区与建设"海上丝绸之路"的契机使得自身提升国际化水平的步伐就开始进一步加速，已确立力争在2018—2020年的3年内开通100条国际航线。仅在2018年一季度，海南就开通了海口—悉尼直飞航线、海口—马尼拉航线等6条国际航线，首次将海南省国际航线的布局延伸到了大洋洲；2018全年，开通至伦敦等境外的目标航线达16条以上。而舟山的航班建设还处于初级阶段，目前共开通中国国内航线14条，通航城市13个。

四、舟山海洋旅游发展路径

（一）智慧旅游及旅游服务重构

智慧旅游可以通过互联网云计算方式整合舟山海洋旅游资源，从而智能化地为游客定制合适的出行方案和旅游产品，提高旅客们的用户体验感。政府及相关机构应该充分结合互联网，积极推进旅游业公共信息公示平台的建设。通过互联网平台及时对旅游资源、旅游经济、旅游活动、旅游者等方面的信息进行动态更新，打造智慧旅游新方式。这种方式不仅可以使游客们享受到现代科技下旅游出行的便利，也可以通过平台动态更新的旅游产品信息从游客角度对景区进行监督活动。

（二）政企合作与区域一体化

海洋旅游应该积极发挥企业的市场主体作用，深度推进政企合作，深耕PPP模式，积极培育发展新引擎。旅游PPP属于半社会公共服务，它既追求经济效益，又注重社会服务，能够调动更多社会资源参与旅游业发展、提高旅游投资有效性。舟山想要发展海洋旅游业离不开积极拓展旅游 PPP 项目，首先出台相应的政策法规支持旅游 PPP 的发展，同时提高政府自身的公信力从而增强企业对开展旅游 PPP 项目的信心，最后还需要科学的价格形成和健全的财政补贴机制。

除政企合作外，舟山应该积极响应区域一体化建设，特别是甬舟一体化与长三角一体化。目前舟山虽然已经加入"浙东南五市旅游联合体"，但宁波舟山两地的旅游资源共享仍然不是很密切，应该加快推进基础设施一体化、加快推进改革开放一体化、加快推进产业发展一体化、加快推进市场开发一体化、加快推进公共服务一体化、加快推进环境保护一体化。舟山在长三角一体化中应当立足特色错位发展，加速融入长三角。大力发展海洋经济，是舟山当下经济发展的重中之重，也是舟山在长三角一体化进程中的错位发展之路。

（三）文化整合与文旅融合

随着全域旅游理念的不断延伸，公共文化消费不断转化为特色旅游产品，文化旅游成为趋势。而舟山具有鲜明的海洋文化，将海洋文明与旅游相结合势必大有可为。文旅融合的热潮映射下的绝不仅仅是停留于表面上的欣赏风光，更多的是反映当下年轻人不再满足于浅尝辄止的旅游方式，而更愿意去感受和追求旅游产品背后的文化魅力。所以舟山海洋旅游可以通过打造特色海岛村落、发展精品海岛游等方式实现文旅融合。

（四）结合自贸区挖掘国际化旅游潜力

舟山还是21世纪海上丝绸之路的重要节点，纵观海上丝绸之路沿线的旅游热点，中国的台湾和香港、泰国的普吉岛以及新加坡等国都发展出了独具特色的国际化海岛旅游，舟山也可以向这些地区取经学习经验，借助自贸区建设的契机开展自己的国际化旅游项目。

可以加强岛屿旅游国际合作。当下海岛旅游不仅仅存在竞争，还有着丰富的合作基础。前不久结束的2019国际海岛旅游大会就为舟山的海岛国际化旅游开发提供了方向。会议旨在促进海洋海岛旅游开发全产业链的交流与贸易，打造中国与世界海岛旅游国家、地区的外交平台，铸就国际海岛旅游业界的IP符号。

机场航班的增加势不可挡。目前舟山唯一的机场——普陀机场仅仅存在国内航班，这使得国外游客不能直达舟山，增加了国际游客的旅游时间成本。所以如何在适当的时机开通国际航班也是当下的一个思考点。

近年来邮轮业务是海岛国际化旅游发展的重要突破口，但舟山邮轮旅游产品还相对空白。目前自贸区的建设使得舟山邮轮行业发展出现了转机，随着海上交通网络的完善，舟山也有望建设国际邮轮港，发展邮轮旅游产品。

五、结语

舟山海岛旅游产业方兴未艾，面对如今自贸区建设的良机，更应该抓住机遇，审视目前存在的不足，积极开拓新的旅游产品，提高自身知名度，争取成为中国海岛旅游的一张名片，最终使海岛旅游走向国际化。

参考文献

[1] 江金波.自由贸易试验区背景下中国旅游业发展的新动态 [J].
华南理工大学学报 (社会科学版)，2016，18(2)：1-8.

[2] 丁钰，覃杨林，吴云，等.全域旅游背景下桂林新型旅游住宿
产品品质提升路径研究 [J].旅游纵览 (下半月)，2019(5)：137-
138.

[3] 付业勤，陈雪钧.自贸区 (港) 建设背景下海南旅游国际化的
评价与提升 [J].资源开发与市场，2019，35(2)：292-296.

[4] 王竹宇.海南自贸区视角下"医疗 + 全域旅游"发展模式探讨
[J].全国流通经济，2018(34)：84-85.

[5] 市旅游委党组理论学习中心组.自贸区背景下舟山旅游产业创
新发展研究 [N].舟山日报，2018-09-03(5) .

[6] 王婷，陈柳武，王笑君.福建自贸区与"21 世纪海上丝绸之
路"深度对接研究 [J].福建论坛 (人文社会科学版)，2018 (10)：
189-196.

[7] 李建萍.自贸区 3.0 时代建设舟山国际海岛旅游特区的政策构
想 [J].中国外资，2017(23)：64-66.

[8] 张汉东."一带一路"的浙江使命 [J].浙江经济，2017(11)：28-30.

[9] 林上军.同为镶嵌在祖国蓝海的明珠从浙江自贸区观海南 [J].
中国外资，2019(9)：32-33.

[10] 王懿若.基于 swot 分析宁波建立自由贸易区的研究 [J].商场

现代化，2015(11)：2-3.

[11] 王东祥.加快构建开放型经济新平台 [J].浙江经济，2014(20)：34-35.

[12] 石坚韧，卢寅.新时代海南全域旅游与全岛自贸区发展模式探究 [J].中国名城，2018(10)：46-50.

[13] 庄岩.自贸区建设背景下海南生态旅游的发展与创新路径研究 [J].环渤海经济瞭望，2019(5)：69-70.

[14] 付业勤，陈雪钧.自贸区（港）建设背景下海南旅游国际化的评价与提升 [J].资源开发与市场，2019，35(2)：292-296.

[15] 市旅游委党组理论学习中心组.自贸区背景下舟山旅游产业创新发展研究 [N].舟山日报，2018-09-03(5).

[16] 李建萍.自贸区3.0时代建设舟山国际海岛旅游特区的政策构想 [J].中国外资，2017(23)：64-66.

[17] 王丽燕.福建自贸区推动闽台森林旅游产业合作研究 [J].沈阳农业大学学报(社会科学版)，2017，19(3)：276-280.

[18] 徐红罡，相阵迎.珠海旅游产业集群的案例研究 [J].人文地理，2007，98(6)：76-80.

[19] 魏小安.促进旅游目的地的新发展 [N].2002，中国旅游报，5(7).

[20] 胡芷榕，罗廷亮，郭梦云，等.自贸区建设背景下临港旅游产品的深度开发和衍生设计研究 [J].中国集体经济，2016(6)：103-104.

[21] 何建民.自贸区促进我国旅游服务贸易与发展的路径 [N].中

国旅游报，2015-04-22（4）.

[22] 邓晓瑞.旅游型海岛人口特质演变及驱动力研究 [D].大连：辽宁师范大学，2018.

[23] 戴斌.海岛旅游可持续发展需要多方合力助推 [N].中国商报，2019-09-18（A03）.

[24] 赵宁.海岛开发需要政府主导多方合力 [N].中国海洋报，2019-08-08（2）.

[25] 张扬，颜芳，余海民.中国特色自由贸易区（港）建设下的三沙市旅游发展研究 [J].特区经济，2019（4）：70-73.

[26] 叶斐."互联网＋"视域下舟山海岛旅游发展对策研究 [J].度假旅游，2018（10）：178-179.

[27] 杨奇美，王艳平.海岛旅游独特性研究 [J].特区经济，2018（10）：118-120.

[28] 何丛颖，王建庆，方雪娟，等.大陈海岛旅游开发 SWOT 分析和发展路径研究 [J].环境与可持续发展，2018，43（5）：19-22.

[29] 孔翠.试论嘉兴接轨上海自贸区的机遇与挑战 [J].嘉兴学院学报，2014，26（2）：69-72.

[30] 张汉东.以开放理念引领浙江经济发展 [N].浙江日报，2016-04-12（15）.

[31] 叶芳，Jaepil Park.中国（浙江）自由贸易试验区探索更大改革自主权的若干思考 [J].浙江海洋大学学报（人文科学版），

2018，35(6)：29-33.

[32] 戚文静，胡卫伟.基于 AHP-SWOT 分析的舟山乡村旅游发展研究 [J].农村经济与科技，2019，30(11)：79-81.

[33] 王辉.生态旅游：舟山离岛渔村的振兴之道 [J].政策瞭望，2019(4)：47-48.

[34] 丁六申，马丽卿.新常态下舟山海洋旅游业发展策略探索 [J].江苏商论，2019(1)：86-87+95.

[35]《中国(上海)自由贸易试验区指引》编委会，中国(上海)自由贸易试验区指引 [A]2014，上海：上海交通大学出版社.

[36] 陆剑宝.全国典型自由贸易港建设经验研究 [A]2018，广州：中山大学出版社.

[37] 赵薇.基于平台经济的浙江(舟山)自由贸易试验区功能定位与前景分析 [J].农村经济与科技，2019，30(9)：154-156.

[38] Turner Leigh. Beyond «medical tourism»: Canadian companies marketing medical travel[J]. Globalization and Health, 2012, 8(1).

[39] Toon De Pessemier, JeroenDhondt, Luc Martens. Hybrid group recommendations for a travel service[J]. Multimedia Tools and Applications, 2017, 76(2).

[40] Siow-Hooi Tan, Muzafar Shah Habibullah, Siow-Kian Tan et al.. The impact of the dimensions of environmental performance on firm performance in travel and tourism industry[J]. Journal of Environmental Management, 2017, 203.

"一带一路"背景下舟山群岛旅游产业链发展研究

金艳

（浙江海洋大学经济与管理学院）

摘要： 舟山海岛资源底蕴丰厚、景观奇特秀丽，是理想的海洋旅游目的地。国家"一带一路"倡议对舟山群岛旅游产业链发展提出了新挑战，文章在分析海洋旅游产业资源概况的基础上，探讨了舟山群岛旅游产业链的开发现状和存在问题，并结合"一带一路"倡议视角进一步提出促进舟山群岛旅游产业链发展的对策：构建产业链宏微观层面，加强海洋文化资源保护；丰富群岛旅游营销途径，以促进产业链利益分配；打造多元化的产品体系，提高产业的市场化程度；健全专业人才培养体系，为产业链的构建打好基础；完善旅游产业综合配套，强化软硬件设施支撑力。

关键词： "一带一路"；舟山群岛；海洋旅游；产业链

2013 年 9 月和 10 月，中国国家主席习近平在出访中亚和东南亚国家期间，先后提出共建"丝绸之路经济带"和"21 世纪海上丝绸之路"

（简称"一带一路"）的重大倡议。"一带一路"倡议由此诞生。"一带一路"倡议有利于促进沿线国家的互利共赢、和谐共处、密切联系和加强互通，实现各国经济协同发展，在"一带一路"背景下，旅游产业得到了极大的关注度并成为省市发展的重点项目。如今旅游产业已不只是观光休闲、放松身心的意义，它还同时被赋予了传播中国文化、带动中国经济发展的主力军的更深层次更高领域的意义。

旅游产业链是指在旅游产业中各部门间基于经济关联，结合自身产业特定角色关系所构建起的产业链条。随着"一带一路"进程不断发展，国家间及国内区域经济竞争日益激烈，而区域竞争力的优势表现及独有的经济与市场价值即为区域核心竞争力。而旅游产业与相同片区的相关产业聚集程度高，旅游产业衍生品设计类型多、辐射范围广，对区域经济结构的优化及发展、相关产业的带动性效果显著。

因此，在"一带一路"大背景下，结合舟山群岛自身海洋旅游资源以进一步发展旅游产业链，对带动舟山旅游产业经济效益、增强舟山旅游产业整体核心竞争力、凸显舟山群岛海洋旅游特色形象具有举足轻重的意义。

一、舟山群岛旅游产业链发展现状

（一）舟山群岛旅游产业资源概况

1."一带一路"中舟山群岛的区位优势

在地理位置上，舟山群岛位于中国东南沿海，是丝绸之路的重要支点之一，同时也是中国大陆海岸线的中心，其背靠中国经济发达的沪、杭、甬等城市和长江三角洲辽阔腹地，向北与上海、向南与宁波等大中城市隔海相望，是闻名遐迩的长江、钱塘江和甬江流域对外开放的海上门户和通道。[1]

舟山由较为分散的1390个岛屿组成，相当于我国海岛总数的20%，陆域面积1440平方千米，内海海域面积2.08万平方千米，其中本岛面积502平方千米，是我国仅次于台湾岛、海南岛、崇明岛的第四大岛。舟山群岛向东连接公海，面朝广阔深远的太平洋，其自古以来是中国东海航线的重要支点之一，在古代海上丝绸之路上饰演着重要角色，东亚各国船舶常在此候潮听风并接受给养，据古书记载，舟山沈家门是古代"海上丝绸之路"的重要支点，是我国古代对外开放的主要海上门户——明州港与高丽、日本等国互通时的必经航道。舟山全市坐拥2444千米海岸线，排名全国第一，而根据中商情报网资讯，2018年末，舟山常住人口占全省最少，仅117.3万人，但战略性资源深水岸线却占全国的近五分之一，是舟山居民独有的富饶海洋资源。舟山群岛新区同时也是舟山江海联运服务中心、中国（浙江）自由贸易试验区所在地。舟山是我国海洋旅游重点区域和国家旅游综合改革试点城市。棋布星陈的岛屿，翻滚万浪的大海，奇峰罗列的港湾，突兀森郁的海礁，绵软细腻的沙滩，幽静森迷的庙宇都是舟山群岛丰厚的海洋资源。[2]

2. 舟山群岛旅游产业资源概况分析

舟山具有品位极高且海洋旅游特色鲜明的旅游文化资源，其中包括我国首批AAAAA级旅游景区普陀山，国家AAAA级景区朱家尖，国家AAAA级景区桃花岛，国家级风景名胜区嵊泗列岛等。[3]同时具有因长期积累而韵味深厚的历史文化衍生出的极其丰富的人文旅游资源，"十三五"初期，舟山群岛基本形成了海洋旅游产品支撑体系，其中包括"海岛宗教禅修体验""海岛渔家风情体验""海洋历史与文化创新体验""海岛与渔港美食体验"和"海洋生态与健康旅游"5大特色鲜明的海洋旅游产品。

而且，以吃、住、行、游、购、娱为核心的旅游接待软硬件设施已初成体系且初具规模，其中，交通体系方面，舟山群岛在交通上已基本形成"海、陆、空"垂直及平面立体交通网，海岛与大陆间、群岛间的交通运输及联系由集游览观光于一体的交通工具担任，其中包括公交车、大巴、游船、客轮、邮轮、快艇和飞机等，进一步形成了以公路、公交、水运、民航等各种运输方式及途径构成的较为完备的交通运输体系。通过运用以上交通软硬件设施，舟山群岛旅游的可进入性得到改善，以跨海大桥为支撑，陆上交通基本代替了海上"蓝色公路"，本地居民及外来游客均可通过跨海大桥来往于舟山及上海、杭州、宁波以至全国各地之间。气候条件方面，舟山群岛季风特征显著，气温冬暖夏凉，常年光照充足，且岛上空气自然净化能力极强，空气质量长期居于全国前三，此特性吸引了各层次需求不一的旅客。[4]

（二）舟山群岛旅游产业链发展现状

1.舟山群岛旅游产业链发展概括

在"一带一路"合作战略的推行下，旅游业的发展也呈现着增长趋势。极其丰富的人文旅游资源为舟山群岛发展旅游业提供了有利条件，在浙江省范围内舟山群岛海洋旅游业居于领先地位。舟山群岛地处沿海区域,故其全境的旅游产业皆可开发并作为海洋旅游产业。近年来,舟山市利用丰富的海洋资源着力推进海洋旅游综合改革进程。[5]但舟山群岛旅游业发展仍较为缓慢,海洋旅游产业粗具规模,与国际旅游群岛目的地海南相比,其旅游产业结构仍处在产业资源开发的初级阶段。

2. 舟山群岛旅游产业链发展现状具体表现

首先,舟山旅游企业表现为竞争性弱、规模较小、布局分散的特点,且其适应性低并缺乏创新能力。其次,舟山群岛旅游服务资源的产业链环节较为薄弱,分析总结整个旅游产业链各环节,发现旅游交通、旅游资讯、餐饮服务、康体娱乐和旅游购物等关键产业环节综合配套不完善且衔接不够。例如,景区还主要依靠门票经济,以普陀山为例,当游客进山时及进入山内的小寺庙时均需购买门票,如此重复购票的现象较不合理;旅游产品单一、同质化现象较为突出,且产品结构类似、档次不高;舟山群岛旅游文化内涵丰富,但旅游商品对其文化内涵体现不够,群岛旅游形象不突出,且相关部门对旅游商品研究开发能力弱,导致旅游消费比重低;康体文化娱乐项目匮乏,且尤其缺乏夜间娱乐项目,不能满足各种层次游客的多样化及个性化需求,不利于舟山旅游业的发展。最后,在旅游服务水平方面,舟山群岛与旅游发达地区如海南、三亚等相比较,仍存在一定差距。舟山群岛整个旅游行业的管理制度不够成熟、经营水平有待提高。鉴于总结及分析以上舟山群岛旅游产业链发展现状,舟山群岛迫切需要拉长并均衡发展旅游产业链。

二、舟山群岛海洋旅游产业链发展存在问题

（一）自然因素限制程度高，产业链构建尚未完善

受资源环境限制及自然因素影响，海岛旅游安全风险及危险系数相对较大。由于舟山群岛所处地理位置的沿海性，气温气候的多变性，海岛旅游安全问题始终在海岛旅游加速发展的过程中无法根除。舟山群岛是台风和赤潮等海洋灾害频发区，灾害事故的频发为出境海岛游蒙上一层阴影。舟山群岛海岸中泥质滩涂较多，其物质含量多为黏土质粉砂，导致海域岸线抗冲刷能力较弱，海域周边安全风险较大。而且，受自然因素条件影响，舟山旅游产业链的构建尚未完善且运作水平低，同时旅游产业相关部门间并未密切联系及高效协作，导致舟山的旅游企业难以应对"一带一路"背景下更高层次的竞争，而舟山产业链的构建与优化正亟待将突出优势环节和具备核心能力的企业相结合。

（二）产业链利益分配欠佳，部分地区营销力较弱

舟山群岛部分区域已完成了初步开发建设并投入运营，但舟山海洋旅游产业链还未建立利益分配和协调机制，体制机制不够健全，管理体制尚不完善，导致产业链中各环节之间及企业间缺少利益分配协调，进而使得旅游产业无法巩固并长期维持竞争优势。同时，营销推广没有及时跟进，导致该区域旅游口碑低及游客重返率不高的现象凸显。与其相反，少数热门区域宣传力度大、旅游体制机制较为完善、营销推广能力强、配套旅游项目合理相持，进而使该地区客流高度集中，但在旺季时已超出当地的旅游接待水平，也因此在影响游客的旅游体验的同时，

对该区域的海洋及陆地生态环境造成一定影响。

（三）旅游产品的同质性高，产业市场化程度较低

随着海岛旅游业的加速发展及火热趋势，海岛旅游产品单一化、同质化的问题也逐渐凸显，日益多样化、个性化、创新化的游客需求与形象类似、特色不鲜明、缺乏创意的海洋旅游业之间的矛盾逐渐凸显，这严重地制约了舟山群岛海洋资源的持续开发和旅游产业链的进一步优化及发展。[6] 而且，舟山旅游产业的市场化程度较低，且旅游产业网络庞大而结构分散，进一步影响了舟山群岛海洋旅游经济总量落后于太平洋沿岸著名的滨海旅游城市，且其认知度和知名度均不高；舟山群岛旅游经济发展总体水平、建设现代化国际港口城市和海洋经济强市的战略目标，与其在国际海洋旅游市场所占份额不相称。因此，须早日优化舟山旅游产业的市场化进程，解决舟山群岛海洋旅游形象定位问题，设计制作令人眼前一亮并印象深刻的旅游形象，进一步去有效地开拓境内外海洋旅游市场。

（四）产业综合性配套不高，产业链发展受到影响

在"一带一路"合作战略发布后，舟山群岛旅游业得到了进一步发展，但旅游产业综合配套不高，具体表现在旅游专业人才匮乏、旅游公共服务体系尚未成熟、交通基础设施建设不容乐观等方面。随着入境旅游的高速发展，外国游客量逐年增长，而旅游专业人才尤其是配备外国语言文化素养的专业人才的缺乏，成为舟山群岛向国际性旅游岛屿转变的进程中难以突破的瓶颈，旅游专业人才质量直接制约着旅游服务质量和旅游业的发展质量；舟山群岛海洋旅游公共服务体系与日益增长

的旅游公共需求相比，前者建设经验缺乏且总量不足、质量不高、体系不完善等问题较为突出；舟山交通虽然已有较大改观，但其基础设施及工具升级等方面仍不容乐观，如交通过于密集的定海与普陀区域导致其设施建设难以并进，群岛间的交通尚未彻底解决等问题，都对舟山群岛旅游产业链合理流动、旅游产业资源有效配置和旅游产业链整体发展有严重影响。

三、"一带一路"下的舟山群岛旅游产业链优化措施

（一）构建产业链宏微观层面，加强海洋文化资源保护

舟山旅游产业链宏观层面的构建指在以政府为主导的前提下，加强各地区间及旅游企业间的相互联系及协同合作。[7] 微观层面的构建主要指旅游产业内部企业间的产业人力、资源、资金、价值和技术等的自由流动、有效结合和合理分配。通过构建产业链宏微观层面，以提高产业资源、资金和人员分配等方面的利用率，从而减少对海洋资源的消耗性开发，以进一步加强海洋文化资源保护，联合国《可持续旅游发展宪章与行动计划》将海洋和海岸带作为可持续旅游优先发展地区。正确处理好资源保护与合理开发的关系，以开发促进环境保护，以环境保护提高开发的综合效益。[8] 舟山群岛数量众多且在空间位置较为分散，从资源竞争力角度来看，这是舟山群岛海洋旅游开发潜力所在，但是从"绿色"旅游发展角度来看，这也恰是生态保护难题所在，且海岛生态系统一旦被破坏后恢复难度极大，因此，应坚持保护、利用和开发相结合的原则，对海洋文化旅游资源进行可持续开发利用，从而形成保护与开发

并进的良好态势，创造出和谐可持续发展的生态环境效益。

（二）丰富群岛旅游营销途径，以促进产业链利益分配

依托公交车等交通方式和交通节点，通过广告大牌设立、广告视频轮播、宣传资料投放等加强舟山群岛旅游宣传力度。制作中英日韩等语言版的舟山群岛海洋旅游宣传册，制作印有多种语言的、带有舟山群岛海洋旅游标志的购物袋，直接投放在国内飞机航班、动车站台、大型书店茶吧、商业广场等公共场所。同时，以移动互联网为主要沟通平台，运用新媒体、传统网络媒体和大众媒体宣传模式，通过搭建有策略、可管理、持续性的线上线下沟通平台，建立和强化主客关系，实现客户价值的一系列过程。海洋旅游企业开通官方微博、官方微信公共平台，并及时发布时效性高、追踪热点性强、解决旅客需求的舟山群岛海洋旅游信息。丰富的营销途径将增加旅游产业利益，此时为促进产业链利益合理并有效分配，应建立具有界限模糊、关系随和、制度灵活、运作高效为特点的网络式的联合体旅游企业战略联盟，这是一种由两个以上的具有同一目标的旅游企业通过一定方式联合而成的，其最关键的是要确立共赢思想。

（三）打造多元化的产品体系，提高产业的市场化程度

舟山群岛最大突破空间、最大发展优势、最大前进动力均在海洋，群岛旅游产品开发应结合开放、创新与均衡原则，在开发过程中要以互补开发的模式实现不同产品体系间的联合与互动。海洋休闲是市场占有率、游客消费水平、生命周期均最多的旅游产品类型，也是国际旅游的首选项目。首先，海洋旅游产品开发应以结合自身海洋资源特色、分

析近年来市场需求趋势和以实际条件跟随国际旅游潮流的处理方式做出正确的定位，随后集中多方面力量共同构建海洋旅游产品体系，形成旅游业整体优势。同时，还要注重增加契合时代发展需求、响应"一带一路"号召以及保持自身区域优势的新兴旅游经济增长点，以"一带一路"视野进一步打造经济效益可观且可持续发展的舟山群岛旅游业。旅游目的地形象设计要紧密结合舟山城市形象建设及海岛旅游周边特色，结合并联系"海上花园城市""海洋文化名城"等已有的城市名片，依托舟山群岛海洋文化特色及现有资源背景，塑造具有核心竞争力的形象品牌。舟山政府部门应把握好政府和市场的关系，使市场在资源配置中起决定性作用和更好发挥政府作用，向企业提供旅游产业资源的管理权和经营权，在旅游企业的管理经营中起引导、帮扶和监督的作用。同时，随着不断完善的旅游市场体系的形成及产业市场化程度的提高，政府部门应及时并有效制定旅游产业相关优惠政策，从而为旅游产业链的发展创造和谐的软环境。

（四）健全专业人才培养体系，为产业链的构建打基础

在"一带一路"的背景下，丝路游成为火热项目，而舟山正是"一带一路"的重要支点之一，因此也成了人们旅游目的地的首选之一。近年来舟山游客数量逐步增加，为满足各层次多样化的游客需求，舟山应在全市加大旅游理念宣传力度，普及多元化海洋知识和可持续生态保护意识，提高旅游者、旅游管理者可持续发展的意识，逐步形成文明、科学、健康、具有开发前景的旅游社会氛围。加大人才引进和后期培训资金的投入，重点引进有创新能力、专业知识扎实、全面发展且在服务

领域较为突出的高级海洋旅游管理人才，逐步形成完善的海洋旅游教育培训体系和系统科学的教育培训内容。加强和各专业高效的教育合作，以灵活有效专业性强的教育培训方式，进一步健全人才培训体系，为产业链发展提供优质人才保障，并为产业链的构建打基础。

（五）完善旅游产业综合配套，强化软硬件设施支撑力

以舟山群岛游客流量高度集中区作为支点，规划包括沿海高速公路、海空交通船、快艇、水上飞机等的旅游交通体系，构建立体化海上交通网络。增强游客流量集散功能，完善交通节点上公路枢纽、集散点停车场、邮轮母港码头和停靠码头的基础设施。海洋旅游公共服务体系建设关键在于增加旅游公共服务有效供给、充分配合景区的主体和风格等，重点包括建设智慧型海岛旅游安全保障体系、旅游景区信息咨询服务体系、海岛旅游行政规划及公共服务体系、群岛海洋环境监测系统、安全风险防范和日常安全管理体系等，同时，建设运营机制有弹性的海陆空联动旅游交通网、完善海岛旅游互联网信息推送平台等方面的内容。

参考文献

[1] 蔡璐，马丽卿 . "一带一路" 背景下的舟山群岛旅游发展研究 [J]. 特区经济，2017（1）：40-42.

[2] 马丽卿 . 海岛型旅游目的地的特征及开发模式选择——以舟山群岛为例 [J]. 经济地理，2011（10）：1740-1744.

[3] 马丽卿，陈泠泠 . 基于国际化视野的舟山群岛休闲旅游产品体

系构建 [J]. 浙江学刊，2012(4)：215-219.

[4] 郑少济，马丽卿. 基于全域旅游视角探析舟山群岛海洋旅游发展 [J]. 海洋开发与管理，2017(12)：31-37.

[5] 周美庆. 基于产业链的舟山旅游资源整合研究 [J] 经济研究导刊，2012(4)：137-139.

[6] 中国旅游研究院. 全球海岛旅游目的地竞争力排名研究报告 [R].2019.08.

[7] 苏勇军. 宁波海洋文化及旅游开发研究 [J]. 渔业经济研究，2007(1)：26-30.

[8] 周彬，范玢，王璐璐. 浙江省宁波市海洋旅游资源开发对策 [J]. 宁波大学学报 (人文科学版)，2016(12)：84-89.

基于国际旅游岛战略的舟山海洋旅游业态创新探索

金婷婷

（浙江海洋大学经济与管理学院）

摘要： 随着我国海洋经济实力的快速提升，在发展海洋旅游过程中创造新的海洋旅游业态成为一种必要的手段和过程。在国家级战略的政策支持下，海洋旅游顺着国际化方向发展，而海洋旅游业态的创新是海洋旅游行业紧跟国际战略的重要渠道。本文以国际旅游岛战略为背景对舟山海洋旅游业态创新进行相关研究。着重分析海洋旅游业态创新的方向与重点，通过产业融合等角度对舟山海洋旅游业态创新以及创新的空间布局进行分析。为舟山海洋旅游业态的创新发展提供建议和对策。

关键词： 海洋旅游；业态创新；国际旅游岛战略；舟山

一、引言

(一)市场需求与前景分析

海洋旅游本质就是海洋产业和旅游产业的相互融合,旅游业态的创新过程就是不同产业的融合以达到对传统业态的创造和深化。在舟山打造国际旅游岛战略的宏观背景下,在产品规划和开发上以国际游客为目标市场,要求海洋旅游业态向着生态化、多元化、国际化发展。建设海洋旅游体系,打造国际知名高端产业集群,突出舟山自身的资源、政策优势和群岛特点,以促进多元化可持续发展。加速旅游业与体育业、渔船舶业、文化艺术等产业融合,形成海洋旅游新业态。

(二)舟山海洋旅游业态优势与短板

结合舟山已有的自贸区政策环境和邮轮港建设条件,以及海洋群岛资源的优势条件,舟山目前的海洋旅游业态呈现出冗杂的现象,业态创新的环境条件充足,但缺乏国际化标准和品牌的建立。全新型的邮轮游艇业态逐渐开始发展,但程度不高,围绕业态发展的旅游产品和线路都不具备。舟山虽有群岛地理优势以及生态优良的环境条件,在发展生态度假业态上有一定的基础,但业态创新的类型单一,目前只有生态公园这一类型,缺乏深层次的体验型业态。总的来说舟山目前的海洋旅游业态与其他产业的融合度不高,传统产业升级欠缺,缺乏创新力度。

二、海洋旅游业态创新方向与重点

本文通过对舟山海洋旅游的现状和发展中的问题,将业态创新方向分为产业融合型旅游业态、产业升级型旅游业态、全新型海洋旅游业态三大类。

（一）产业融合型旅游业态

1. 海洋体育旅游

海洋体育旅游是以海洋旅游和体育旅游相融合的创新海洋旅游产品，是传统旅游产业的转型升级。体育旅游是新兴的旅游形式，随着体育旅游的发展，为了满足市场需求和旅游者个性化和体验感的追求，体育旅游的范围逐渐扩展，而海洋体育旅游就是其中的一种创新模式。舟山拥有丰富优质的海洋资源，在国际化的大环境下，开发海洋体育运动产品是建设国际旅游岛的必要手段，目前以朱家尖攀岩运动、册子岛帆船、秀山岛滑泥为首批舟山海洋旅游和运动项目融合项目。在国际化海洋运动的影响下，通过借鉴国际上发达的海岛旅游目的地的业态类型，以国际化合作方式，引进和规划海洋体育旅游项目，如海上冲浪、滑水、帆板等水上运动，沙滩体育项目以及跳伞、热气球等空中运动项目。同时通过开发相关的海洋体育国家化赛事来深化扩大舟山的海洋体育旅游的影响范围，打造舟山海洋体育旅游的品牌形象。

2. 海洋文化艺术旅游

海洋文化旅游业态是以海洋文化为基础，依托海洋文化作用于海洋旅游上的一种过程。海洋文化旅游是海洋旅游的重要组成部分，同时也是作为海岛旅游目的地的独有的特色[1]。舟山现有的佛教文化和海洋文化资源重点较为突出，为打造海洋文化旅游产品体系打下基础。利用现有的文化资源，优化产品结构，提高舟山海洋文化旅游的主题性和可参与性，以此来作为拉动国内外市场的拉动力。舟山发展海洋文化旅游的业态可分为以历史名人、古建筑和传统渔业生产捕捞文化为内容的海洋历史文化旅游，以海天佛国普陀山为代表的海洋宗教文化旅游、以舟山国际沙雕节、国际海鲜美食节等为主题的海洋节庆文化旅游和以渔民民间民俗展览、民俗游行活动和渔文化艺术等形式的海洋民俗文化旅游。开发各种主题的海洋文化旅游新业态以形成海洋旅游产品的新格局，为发展国际旅游岛提供特色文化内涵[2]。

（二）产业升级型旅游业态

生态滨海度假旅游一直是海洋旅游的主流类型，舟山生态度假旅游将是海洋旅游的升级产品，以朱家尖、嵊泗列岛、花鸟岛等特色小岛为建设重点区域，根据国际旅游岛战略规划中建设生态绿色岛的要求，以可持续发展理论，生态化、低碳化、品质化的原则，打造世界一流的海岛休闲度假目的地和生态文明建设示范地。充分挖掘舟山优质的生态环境，建设大青山等国际化海岛生态公园和周边高品质滨海生态观光带。依靠生态旅游，充分借鉴如马尔代夫、巴厘岛等国际化旅游岛的度假产品开发经验，开发建设综合性的海滨度假产品，深化海洋旅游度假的产业链，融合康体疗养产业，海洋美食免税购物等形式，逐步开发温泉、休闲、养生、酒店等综合模式，深度挖掘休闲度假旅游新业态。

（三）全新型海洋旅游业态

1.游艇旅游

海洋游艇旅游是以游艇产业为主要依托和海洋旅游业态融合形成的以水上运动、海上观光、娱乐度假等为主的新型产业体系，包括海上冲浪、海钓、摩托艇等水上运动业态，游艇海岛观光、游艇度假村等休闲度假业态以及游艇展销科普文化业态[3]。2017年舟山在与亚太旅游协会和欧洲小岛联盟等组织签订《国际旅游岛战略合作协议》中，引进外商独资企业，建设有国际游艇生产基地和国际游艇度假村，打造高端品质海洋游。据有关统计局数据，2018年全年浙江省居民人均可支配收入为45840元。随着国民经济水平的提高，未来游艇旅游业的市场前景广泛，将被逐渐接受。在国际上，游艇旅游已是热门产业，以"游艇旅游＋"形式将会是新型海洋体验旅游的主要形式，如图3-1所示。

图 3-1 舟山游艇旅游业态融合

2. 邮轮旅游

邮轮旅游一直是国际上潜力巨大，热门度高的海洋旅游业态[4]。我国邮轮旅游起步晚，从2000年开始盛行至今，在近五年的时间内，中国邮轮旅游客流量年均增幅超过40%。从港口客源地来看，上海成为国内邮轮出行最重要的出发城市，而浙江仅排在全国第四。在中国发展邮轮产业中最大的难题就是"一程一站"的情况[5]。由于国内邮轮母港数量少，提供给邮轮的停靠站点有限。舟山拥有优良条件的深水港口，现建有舟山国际邮轮港口，作为国家旅游局规划确定的全国七大邮轮母港之一，并且已有国际邮轮的接待经验，同时已有从舟山起航的直航中国台湾的线路。在国家战略和浙江省出台的相关政策支持下，发展深度海洋邮轮旅游已经成为舟山海洋旅游业态创新发展的一个重要方向。舟山国际邮轮港将推进舟山建设国际旅游岛，促进海洋旅游产业的转型升级。

3. 低空旅游

低空旅游作为高端的旅游业态项目，因为其审批程序复杂、消费门槛高而阻碍了它的发展，而在国外，低空旅游已经是不少国家的成熟旅游项目[6]。低空旅游的发展意味着一个海洋旅游目的地城市业态的发展成熟度，也是舟山在发展国际旅游岛战略中的重要海洋旅游的新业态形式。舟山在2015年就已有水上飞机这一旅游新业态，目前已有四条岛际间的空中游览航线，依托国家战略政策的支持和科学规划的引导，以舟山众多的群岛岛屿的地理资源优势加上娱乐产业联动来培育低空旅游市场，舟山未来将会逐渐形成空中旅游观光新业态（表3-5）。

表3-5　舟山海洋旅游业态创新重点与方向

业态创新方向	业态创新区域	业态创新重点
海洋体育旅游业态	朱家尖、册子岛、秀山岛	海钓、帆船、滑泥、海滨运动
海洋文化旅游业态	普陀山、岱山、本岛	佛教文化、武侠文化、海洋文化科普
生态度假旅游业态	东极岛、嵊泗、朱家尖	海洋生态公园、生态度假村、康体疗养
专项旅游业态	朱家尖、桃花岛	邮轮、游艇、低空飞行

三、海洋旅游业态创新空间布局分析

舟山地处于长江三角洲的南端，是东南黄金海岸线和长江黄金水道的交汇处。舟山群岛作为我国的第一大群岛，相当于我国海岛总数

的20%，包括1390个岛屿，分布海域面积达22000平方千米。目前舟山海洋旅游业态布局不平衡，热门旅游业态和产业主要集中在几个岛屿上，而绝大多数的海岛旅游地的海洋旅游业态相对散落，游客经过长途的水上交通在旅游地所行游览的时间较短，选择的线路和产品都比较单一。同时舟山的每个海洋旅游地业态分区不明确，缺乏特色的主题性，不同海岛的海洋旅游业态雷同较多，游客重复游玩类似海洋旅游业态的概率大，这也导致了游客对于舟山海洋旅游业态的满意度和重视度的丧失。

分析业态创新的空间布局对于海洋旅游的发展、海洋旅游产品的开发以及市场的开拓都有一定的空间引导作用。借助国际旅游岛战略规划的背景和开发机遇，对舟山海洋旅游资源的分布特征进行分析，在空间集聚、融合发展的相关理论下，提出海洋旅游业态创新的"一核，两区块、三带"的总体空间布局的构想，重点打造海洋宗教文化旅游、海洋生态观光、海洋休闲度假以及海洋运动业态，形成整体性的海洋旅游产品，在业态创新的空间布局中注意区块间的错位发展，发展各区块的主题特色产业，实现功能互补，实现舟山海洋旅游业态创新的新局面，打造国际化海洋目的地。

（一）一核

一核指的是以普陀山为核心的海洋宗教文化旅游核，依托普陀山国家级景区的地位和形象，将普陀山打造成"海上佛国"为主题的综合海洋旅游区块。以佛教为重点发展业态，利用滨海海岸线资源优势发展以滨海休闲度假、海上运动等为辅的业态形式。以普陀山为核心区块，加强精品景区的建设，以品牌优势吸引海内外游客，从而带动舟山的海洋旅游发展。

（二）两区块

1. 以南部海岛为主发展海洋休闲运动业态

舟山本岛以南的海岛主要包括桃花岛、登步岛和白沙岛。本岛以南的海岛在地理位置上离本岛和朱家尖岛的大陆架较为近，拥有范围较大的滨海海岸带，因此在海洋旅游业态创新中主要以发展区域互动性较大的海洋休闲运动业态。将海洋旅游融合以发展低空旅游、滑翔伞和海钓为主的国际化的体育业态。将桃花岛上金庸武侠主题的元素扩宽到海洋旅游上，武侠中的骑马、射箭等体育形式发展到海滨上。深化白沙岛国际化海钓业态形式，增加岛际间的高端体育业态，发展滑翔伞基地，开通岛际低空观光旅游业态。

2. 以北部海岛为主发展海洋生态度假业态

舟山本岛以北的海岛以秀山岛、嵊泗列岛和东极岛等其余诸岛构成。由于岛屿与本岛距离较远，交通方式主要是以水上交通为主，来往需要一定的时间，因此在考虑南部诸岛发展的规划中以深度的海洋生态体验游为主。依靠北部岛屿独有的蓝色海岸带和独特的海洋资源特色，在对海洋资源和环境得到充分保护的前提下发展综合性的海洋度假村、海洋度假别墅，开发体验性和参与度高的体验度假产品，融合"旅游＋康体疗养"业态，深化秀山岛海泥浴，创造温泉度假等业态。提升海岛的生态旅游的景区环境，建设海洋生态公园，增设海岸线景观带以增强生态旅游区的氛围感。

（三）三带

1. 以定海为主发展海洋文化旅游业态

定海不仅拥有现代国际货运港口和水产船舶加工业厂，还保留着年代较远的海洋文化特色街区建筑，这两类旅游资源有各自特色和主题。在海洋旅游规划中以建设海洋风情小镇为主要发展业态。定海作为历史文化古都，目前仍然保留着较多的历史古建筑和古香古色的街区，通过发展海洋历史风情小镇，利用建筑资源建规划发展海洋历史发展博物馆，海洋科技馆等科普类的旅游业态。利用舟山群岛新区、自由贸易示范区的先行条件，将海洋旅游与工业、船舶业相融合，发展海洋工业园区，开放航母基地参观形式，"富丹"等国际品牌的水产品加工、生产流水线体验形式的海洋工业参观体验业态。结合物流港口优势，以国家化战略等优惠政策支持，建设国际免税进口购物中心，大力发展旅游购物形态，为境外游客提供极大的方便。

2. 以沈家门为主发展港口文化体验业态

沈家门渔港是天然的避风良港，也是世界三大渔港之一，在国际上有一定的知名度。以沈家门渔港的渔业资源开发和海产品交易等为特色资源，拓宽以夜排档海鲜饮食文化为主的海洋美食业态，以国际水产城为中心的海洋渔业捕捞体验业态，以海洋文化节为主题的海洋民俗旅游等体验形式。沈家门不仅拥有海港资源优势，在地理位置上，作为舟山黄金旅游三角区的核心集散区，以发展国际性的商务会展，以国际海岛旅游博览会为舟山会展品牌效应，扩散出更多的会展类海洋旅游业态，以吸引国内外游客。沈家门作为以港兴城的海洋文化城市，吸收国际上的海岛旅游发展经验，形成独有特色的海港城市，倾力打造国际化的文化交流城市，形成独具特色的发展模式。

3. 以朱家尖为主发展邮轮游艇业态

舟山群岛国际邮轮港位于朱家尖西南海域处，作为国际邮轮的访问港和停靠港，有优良的建造国际邮轮母港的条件[7]。朱家尖的舟山国际邮轮港于 2014 年正式开港，到港的人数也在逐年增加，在 2017 年全年游客突破了 3 万人次，同比 2016 年增加 60%。借助朱家尖旅游黄金三角洲的换金区位，优质深水港口资源，发展邮轮母港，开设邮轮旅游产品。以邮轮港作为国际化的门户口，重点培育以邮轮港为主要集散中心的周边商圈，优质景区的打造。利用朱家尖生态环境资源，朱家尖已建有舟山国际游艇度假村，以游艇为主要依托扩宽游艇产业宽度，着力发展已游艇为中心的海洋旅游度假产业。舟山在《国际旅游岛战略合作协议》中明确表示以邮轮游艇产业作为重点发展的重要产业，在国际旅游岛战略规划的背景下舟山率先成为邮轮港口城市，要致力于打造中国乃至国际上的邮轮产业基地的战略定位，以邮轮和游艇产业相互依托，打造朱家尖国际化海洋旅游区块，作为舟山国家化的名牌扩大国际影响力，推进邮轮游艇产业链与海洋旅游的融合发展并以此为契机推动舟山海洋旅游业态的创新发展。

四、舟山实现海洋旅游业态创新的建议与对策

分析舟山目前海洋旅游业态的发展情况，通过分析调查问卷得出的相关结论后，以发展国际化海岛旅游目的地为目标，为舟山海洋旅游

业态国际化的创新提供相关建议和对策。

（一）政策激励与投资导向

舟山在建设国际旅游岛中，政府相关政策的出台和投资对于舟山海洋旅游业态的创新和发展是最为关键的一步。

在投资导向上，政府应该加大对于海洋旅游的科技发展和创新水平的投资力度，给予船舶工业建设、港口航运建设等资金上的支持，为海洋旅游业态的创新提供硬件保障。增加银行对旅游企业和项目的贷款力度，简化投资审批力度，大力推进对业态创新的资金上的支持。

在政策激励上，鼓励海洋旅游业态的转型升级，重点扶持全新的海洋旅游新业态发展，加大对于海洋旅游科技创新、人才培养等相关政策支持，解决舟山海洋旅游人才用工、实习等环节的政策问题，支持从事海洋旅游的各大企业符合国际化标准要求，制定舟山淡旺季的相关优惠政策，大力拓展入境旅游客源地。抓住当前国际旅游岛规划的背景条件和国家"一带一路""21世纪海上丝绸之路"建设的重大战略机遇，充分利用好舟山群岛新区、自由贸易示范区的政策环境，鼓励推进建设舟山国际进口商品城建设、国际海岛旅游大会会议展览等国际化间的合作。对现有的《国际旅游岛战略规划性总体规划》进一步的完善，以政府为主导，保障推进舟山建设国际旅游岛建设。

（二）旅游资源整合与优化利用

面对国际旅游岛战略的战略规划，舟山海洋旅游的市场将是面向国内外的。在竞争如此激烈的大市场背景下，需要从舟山现有的海洋旅游资源和优势条件进行分析，对海洋旅游业态类型、海洋旅游的空间结构和海洋旅游资源要素进行整合。主要针对国际上的市场需求和国际化的标准，将同类型的海洋旅游资源进行整合，避免产品的雷同，深化同质旅游业态的内涵。通过对海洋旅游资源的整合建立旅游资源空间结构的整合布局，以海洋旅游业态创新的空间布局为模型，实现以"一核"为旅游核心点，向外扩散，重点发展以两区块为主的海洋深度旅游业态，实现旅游资源的规模集聚。

1.业态结构优化

按照建设国际旅游岛战略规划的目标和国家化标准的要求，舟山海洋旅游业态要实现创新就应该进一步优化业态的结构。发挥舟山群岛新区和自由贸易区的政策优势，以国际化的合作和国际上的著名海岛旅游地开展会议合作，向国际著名的海岛旅游目的地引进海洋旅游产品和先进技术，重点发展游艇邮轮、海钓和低空飞行等全新的新型业态。加大海洋旅游传统业态和不同产业间的融合，加快业态的创新和转型升级。

2.业态规模集聚

重点发展海洋体育旅游、邮轮游艇专项旅游、海洋生态度假游、海洋渔文化体验游等新业态，利用舟山群岛地理资源优势，打造以生态度假、休闲海上运动、渔文化体验游、渔港美食等海洋旅游新业态为主的海岛主题游。建设和发展以普陀山为核心的海洋旅游黄金三角区，加大海洋旅游业态的产业集群。

（三）市场营销＋互联网

舟山海洋旅游若想快速发展达到国际化的目标，宣传营销是不可缺少的重要环节，想要把舟山的海洋旅游打造成国际化的品牌形象，以互联网为依托的市场营销是在当今信息时代传播速度最快，传播范围最广的方式之一。目前国内游客对于舟山的印象还停留在宁波范围内的地级市，而对于舟山旅游内容的印象还只是以普陀山为主，对于舟山的海洋文化旅游和海洋休闲旅游的了解程度低，更不要说把舟山和国际旅游岛挂钩。在国际上，虽然舟山已经举办多届的国际沙雕艺术文化节，是国际海岛旅游大会的永久主办地，但国内外的知名度和参与度都较低。

在传统营销手段上借助互联网信息是推广舟山海洋旅游品牌的快速有效的渠道。通过建立舟山各景区网站直观地向游客提供景区相关的信息，利用微博、微信公众号平台，增加游客的关注度。利用影视节目的拍摄，如桃花岛的金庸武侠片和东极岛《后会无期》等电视节目的拍摄以及秀山、嵊泗岛的节目活动的取景，设计精品海岛旅游项目路线，利用网络影视热度，针对主题特色明确的海岛进行宣传纪录片拍摄，借助互联网热度宣传舟山海洋休闲度假业态。借助舟山国际沙雕艺术文化节、国际海岛旅游大会等国际化的节庆会展的热度，通过直播、展示等形式在国际游艇邮轮会员俱乐部上推广舟山海洋游艇邮轮全新的海洋新业态类型。在国际上加入与合作国家的相关景区网站的展示平台，拓宽国际客源市场。在产业融合型的新业态营销模式上，通过在互联网平台上发布举办国际海上运动赛事，吸引国际上的选手参赛。以"海洋旅游＋文化"类型的海洋旅游业态可以借鉴故宫文创用品的淘宝店模式，通过设计舟山独具特色的海洋文化文创用品，如舟山佛教文化、海洋渔业文化等类型，开展"线上＋线下"的融合推广模式，增加对舟山海洋旅游的宣传效果。

（四）强化人才支撑

舟山在建设国际旅游岛规划中，建设人才队伍是重中之重，海洋旅游不仅是提供给游客观光休闲娱乐，更重要的是提供给游客相等价值的旅游服务质量。舟山在打造提升国际化的游艇邮轮和海上运动等全新的海洋旅游新业态的同时，提供相应的国际化人才支撑是建设中的关键任务。根据国际旅游岛建设需求出发，整合舟山教育资源，强化高层次的海洋旅游管理方面的人才队伍建设，为舟山建设国际旅游岛中的规划和产品开发提供智力上的支撑。同时联合舟山各大高校，建设旅游人才培训基地，培育海运、航运等具有高质量服务水平和高水准的国际化服务人员，统一制定相关国际化标准的服务人员的制度要求，统一安排相关从业人员集中参加相关服务培训并接受季度考核。

参考文献

[1] 杨国涛 . 海洋旅游文化资源及其开发 [J]. 黑河学刊，2017（2）：1-2.

[2] 胡卫伟，王湖滨 . 论舟山海洋文化旅游与开发策略 [J]. 浙江海洋学院学报（人文科学版），2006，23(3)：48-52.

[3] 朱晓辉，段学成 . 基于产业融合理论的舟山游艇旅游产业发展研究 [J]. 江苏商论，2017，59(5)：42-46.

[4] CHO W J, Analyses of consumer preferences and perceptions

regarding activation of yacht tourism industry[J].Journal cultures, 2012, 6(1): 46-50.

[5] 范家驹, 石建新 . 关于邮轮经济发展态势的调查与对策思考 [J]. 浙江国际海运职业技术学院学报, 2009(4): 31-35.

[6] 毕素梅, 盖玉洁 . 海南低空旅游新业态发展研究 [J]. 中国商论, 2018(21): 23-36.

[7] 孔洁 . 舟山邮轮港对舟山旅游发展的影响研究 [J]. 浙江国际海运职业技术学院学报, 2016(1): 20-22.